TED
1小时科普
给孩子的世界启蒙书
One Hour of Science Popularization

The Great Questions of Tomorrow

未来问题

重新理解金钱、权力、战争与和平

[美]大卫·罗斯科普夫 / 著
（David Rothkopf）

杨彬 徐立乐 / 译

中信出版集团 | 北京

图书在版编目（CIP）数据

未来问题：重新理解金钱、权力、战争与和平 /
（美）大卫·罗斯科普夫著；杨彬，徐立乐译. -- 北京：
中信出版社，2021.4
（TED1小时科普：给孩子的世界启蒙书）
书名原文：The Great Questions of Tomorrow
ISBN 978-7-5217-2501-8

Ⅰ.①未… Ⅱ.①大…②杨…③徐… Ⅲ.①科学知
识—普及读物 Ⅳ.① Z228.1-49

中国版本图书馆 CIP 数据核字（2020）第 235830 号

TED 1 小时科普：给孩子的世界启蒙书
未来问题：重新理解金钱、权力、战争与和平

著　　者：［美］大卫·罗斯科普夫
译　　者：杨彬　徐立乐
出版发行：中信出版集团股份有限公司
　　　　　（北京市朝阳区惠新东街甲 4 号富盛大厦 2 座　邮编　100029）
承　印　者：北京诚信伟业印刷有限公司

开　　本：787mm×1092mm　1/32　　　总 印 张：30　　　总 字 数：459千字
版　　次：2021 年 4 月第 1 版　　　　印　　次：2021 年 4 月第 1 次印刷
京权图字：01-2019-6901
书　　号：ISBN 978-7-5217-2501-8
定　　价：168.00 元（全 5 册）

版权所有·侵权必究
如有印刷、装订问题，本公司负责调换。
服务热线：400-600-8099
投稿邮箱：author@citicpub.com

谨以此书献给卡拉，

献给我俩聊不完的话题。

我们经常聊到一些大问题，

它们经常提醒我，

卡拉才是众多重要问题的答案。

目录

CONTENTS

·· 引 言

如果给我一个小时去解决一个决定生死的难题，我会先花 55 分钟来弄清楚该如何提出一个合适的问题。一旦清楚了该问什么，剩下的 5 分钟便足够解决这个难题。

——阿尔伯特·爱因斯坦

17 岁那年，我看了一部关于"核冬天"① 的

---

① 核冬天理论认为：当使用大量的核武器，特别是对城市这样的易燃目标使用核武器，会让大量的烟和煤烟进入地球的大气层，这将导致非常寒冷的冬天。——编者注

科幻纪录片，该片展现了虚构的第三次世界大战所导致的恶果：数亿人在战争中丧生，还有数亿人流离失所，或饥寒交迫，或遭受核辐射而慢慢死去。

看纪录片的那天是个异常美丽的夏日，而影片带来的困惑却像浓雾般在我心头挥之不去。我感到无比震惊，片中描述的人类即将面临的恐怖未来似乎是可信的。此时，绿树成荫的新泽西州萨米特市沐浴在阳光下，一片繁荣景象，而灾难正在悄然逼近。我于是去找父亲。

我父亲是一名科学家。1939 年，13 岁的他来到美国。他和我的祖父母在纳粹德国入侵之前就已离开了自己的祖国。我们的 30 多个直系亲属都在惨绝人寰的"大屠杀"中失踪了。到美国 5 年后，父亲加入美军，返回欧洲战场，指挥炮兵作战。后来，他又踏上另一段征程，在集中营的废墟中寻找失散亲人的踪迹。

在纳粹统治下的奥地利，父亲在恐惧中长大

成人。他在"水晶之夜"（Kristallnacht）[1] 目睹自己的父亲被纳粹拖走，又在人类历史上最血腥的战场上厮杀，遭受了生离死别和颠沛流离后，还要在一个崭新又陌生的国家安顿下来。你可能会觉得他因此变得严肃冷漠，甚至是悲观。但事实并非如此，父亲没有忘记曾经发生过的事，每到"水晶之夜"的周年纪念日，他都会给我和我的兄弟姐妹送一些纪念品以示提醒。此时，在我写这本书的时候，书桌上方的墙上还贴着父亲生前寄来的一张德国达豪集中营的明信片，上面写着"11 月 10 日"，这是他最后的手迹。

我父亲把精力都投入科学研究中。有些人在宗教中找到了慰藉，另一些人则通过艺术来表达自己的感情和梳理情绪。每经受一次打击，父亲

---

[1] 水晶之夜指 1938 年 11 月 9 日至 10 日凌晨，希特勒青年团、盖世太保和党卫军袭击德国和奥地利的犹太人的事件。"水晶之夜"事件标志着纳粹对犹太人有组织地屠杀的开始。——译者注

都会变得更加理性，也不会寄托于宗教信条和仪式中的上帝，而是选择到大自然中寻找启示。他在事实、证据和演算中探求对世界的理解。具体来说，他试图了解人脑是如何运转的，我们又是如何学习的。他不断地提出问题。找到正确的问题，然后探寻答案，成了他的使命。我相信，这也是他的个人信仰。因为他的研究成绩斐然，因而进入了当时全球首屈一指的科研机构——位于新泽西州默里山的贝尔实验室总部。

贝尔实验室的园区面积很大。1973 年暑假，我在那里打过工。在贝尔实验室，科学家可以自由地从事纯粹的研究工作。实验室建立近半个世纪以来，研究成果都是极具变革性的。与其他公司的实验室或者智库赞助的研究模式不同，在贝尔实验室的全盛期，科学家的创造性思维得到充分发挥，他们的做法是首先发现最重要的课题，然后寻找最佳的答案。

贝尔实验室是雷达和通信卫星研发之地，同

样也积极探索计算机领域的前沿技术。也许它最大的成就是开发了晶体管，大大促进了长途电话的使用，并在其广泛应用中取得了更多的技术进步，通过实现电子设备的微型化、建立网络、创造出现代社会赖以维系的计算能力，引领了信息时代的到来。

我清楚地记得，那时候，我压根儿不知道贝尔实验室的创新会将我们引向何方，能带来哪些巨大的变化，会对我们提出什么样的要求。我也没意识到这些创新带来的新问题，以及它们是如何跟我对核毁灭的思考联系在一起的。

费了一些工夫之后，我找到了父亲。如果没记错，他那时候是在游泳俱乐部，实验室的不少人是那家俱乐部的会员。他站在网球场旁边，球场通常被几个球技不佳而且脾气暴躁的数学家霸占着。我走近时，父亲看出我正忧心忡忡。毕竟，他对我非常了解。虽然如此，当他问我出了什么事时，我还是觉得，他并没有预料到我会说因为迫在眉睫的全球热核战争而感到惶恐。因为那个明媚的下午毫无危险临近的迹象。

我们坐下来，我跟他讲了刚才看的纪录片。"数亿人将会死去！"我说，"这有可能发生，随时都有可能发生。说实话，完全可能。"美苏大战一触即发，导弹在发射井里待命，潜艇隐藏在双方的海岸线附近。

他沉默了足足一分钟，然后问了一个反问句："我知道了，那么，这有什么让你心烦意乱的呢？"我知道，他和其他很多科学家都觉得这种语气很酷。

这种出乎意料的问题我已经听得太多了，但还是感觉晕头转向。"你问我为什么心烦意乱？你在说什么啊？整个地球即将毁灭，数亿人会死去。即便你是幸存者，也没什么活下去的意义了。"

他没有立刻回答，眼睛凝视着远方。过了一会儿，他略带一点维也纳的口音，平静地说道："嗯，你知道，14世纪时欧洲暴发黑死病，一亿人死掉了，占了欧洲人口的 1/3，却意外地迎来了文艺复兴。"

文艺复兴是欧洲文明的分水岭，带来了广泛而深刻的变化，影响了人类生活的方方面面。国家的性质、制约国王和王国的规则、国家与教会的关系、宗教信仰的基本原则、劳动和经济的性质、战争与和平的本质，以及社会群体所接受的基本价值观念，如个人角色、个人权利、社会契约的本质、文明的根本目的等都得以重新思考，做出改变。这对于欧洲乃至整个世界都是具有划时代意义的巨变。这个看似遥远的过去，我们只在泛黄的书页和历经数百年的壁画残迹中见到过。它与我们当下这个充满虚拟现实、大数据、基因图谱、几乎人人盯着电子屏幕的世界有什么关联呢？

就像 14 世纪一样，我们生活的时代或许也可以描述为文艺复兴的前夕。划时代的变化即将到来，变革的海啸汹涌而至，大多数的领导者和我们许多人并未觉察。我们看错了方向。的确，许多掌权者及其支持者执着于过去难以自拔，不愿意接受即将来临的不可避免的重大变化。

与新时代相联系的一系列变化中，技术变革只是其中一部分。历史表明，这些变革将反过来改变人类的行为，拓展人的视野，理解新的领域，促成新的创造性表达，赋予经济活动新的手段，并激发对生活方式、政府和企业组织运作的新思考。这些变化将赋予我们重新编织生活结构的能力。就像工业革命时期，蒸汽动力织布机不仅改变了纺织业，而且使工人的生活状况发生了变化，新中产阶级崛起，工会权利扩大，政治重新整合，殖民者与殖民地关系重构，单一民族国家的权力发生了转移……

无论我们是富人还是穷人，是居住在大城市还是技术未普及的荒凉之地，似乎都可以肯定，在我们生活的每个领域中，巨大的变化正在到来。事实上，变革已经开始了。

第一章

文艺复兴前夕

如果觉察到这些正在发生的变化，我们就要为之做好准备，为自己、家庭和社区担负起这一紧迫的责任。这些巨大的变化几乎在生活的各个方面都有体现，我们该如何去应对？变化影响的范围之广、形式之丰富，可能超过了20代人所经历的，有些重大变化会迫使我们重新审视对自己和对世界的最基本看法，我们该如何做好准备？对于社会是如何组织和运作的，社会是什么样貌、由谁来领导，哪些方向上的纠偏必不可少等问题，我们该如何改变旧有的、习以为常的观念？

第一步是要提出正确的问题。通过回顾历史，思索那些划时代的变革，可以发现其中的共同特征，从而帮助我们找到关键问题。

找寻视角

生活中存在一个悖论，当我们的感官对周围发生的事情越来越适应时，看问题的恰当视角却越来越难以捉摸。之后，虽然记忆捉弄我们，但大自然却慷慨地为我们提供了背景线索。虽然我们不可能记得发生过的每一件事，但随着时间的流逝，我们却获得了更清晰的视角。

想象一下，你生活在 14 世纪。那时，很难有什么长远的眼光。在黑死病暴发期间，生存是第一要务。当然，尽管瘟疫很严重，但它并不是唯一令人担忧的事情。"小冰期"① 已经开始；"教会大分裂"正在瓦解天主教会；蒙古人在中东的统治即将终结；百年战争已经开打；中国社会动荡，朝代更迭，明朝建立；苏格兰人正在为独立而战（有些事情永远不会改变）；跟今天的情况十分相似，那时基督教统治的欧洲和伊斯兰教的势力正发生冲突，导致了 1389 年的科索沃之战。

我们在事后可以看到，每一次震撼时代的冲击，不仅带来了实质性的进步，而且让人们调整了看待社会的基本方式。在黑死病造成大量人口死亡之后，劳动力变得更有价值，中产阶级开始出现。贸易往来很可能把瘟疫从亚洲带到了欧洲，但也促进了新思想和新材料的交流、经济和见识的增长。劳动的性质和我们对经济的理解开始发生改变。

---

① 大约从 15 世纪初开始，全球气候进入一个寒冷时期，通称为"小冰期"，在中国也称为"明清小冰期"。小冰期结束于 20 世纪初期。——译者注

衰落的教会开始受到改革者的挑战。国家开始出现，其形式已接近我们现在意义上的国家。最终，在几百年的变革中，君主国被民族国家取代，而民族国家又陷入了与天主教会的权力斗争之中。政治治理的性质也发生了转变。

大学开始建立，学术通过新的方式得以传播；以扫盲为开端的平民教育开始普及；中产阶级兴起；新政府需要赢得社会其他强势阶层的支持，在此情况下，更为民主的政府像种子一样在欧洲萌芽；这些都是以人们对个人权利和国家权力、法律作用和社会性质的重新审视为基础的。

随着新的航海技术和新的陆路交通网络的出现，不同社会间的交流方式有所改变，从而引发了文化的变革，而且战争的性质也发生了变化——海军变得更加重要，火药和其他新的战争技术终结了骑士和领主的统治。伴随政府和政治制度的变化，解决这些冲突所需的外交活动的性质也发生了重大改变。

换言之，虽然14世纪的普通公民看到的是斗争和混乱，但正在发生的变化将重新定义人们如何看待自己。他们是谁、社会是什么，以及基本权利、国家治理、劳动和经济、战争与和平的性质是什么，等等。因此，要了解未来及其与过去的不同之处，就必须考虑与这些变化有关的问题。在整个世界处于变革的背景下，我们需要问一问——此后还要根据未来的变化不断提问——这一切是如何改变了我的观念：如何看待我自己、我的社区、我的权利、我的政府、我的工作以及我周围世界的运作方式。

在如今这个同样面临剧变的时期，我们也会从思考类似的问题中获益，因为即将到来的变化同样是有深远影响的。

当然，提出正确的问题，然后得到正确的答案，说起来容易，但做起来难。我们有很多偏见，我们期望世界能证实这些偏见，结果，我们误听和误读了周围发生的事情。我们期望未来和过去一样（毕竟，在我们生活的世界里，有85%的时间，明天和今天的天气是一样的）。我们也很焦虑，忙于应对当下的需求，就像14世纪的普通公民应对战争、瘟疫和气候灾难一样，以至停下来去思索最根本问题似乎是一种难以企及的奢侈。对此，我们没有做好准备。最后一点也很重要。如果我们不了解改变我们世界的技术或其他力量——无论是文艺复兴早期蓬勃发展的科学，还是今天的神经网络或网络威胁——那我们怎么可能了解未来要发生的事情呢？

此外，如果那些当权者不了解这些变化，也就无法提出正确的问题，而且，他们常常可以通过抵制这些问题而获益。因为他们已经身居高位，所以对维护现状有着强烈的兴趣。例如，我们的政治领导人常常利用当下的恐惧来满足他们的私利，牢牢地掌握着权力。这使得我们通常更关注昨天的头条新闻，而不是展望未来。散布恐惧不仅是一种压榨和剥削，而且还会被一些坏人

（如故意制造恐惧的恐怖分子）利用。它还可能分散我们的注意力，忽略即将到来的变化将会导致的更大风险，而我们并未做好准备。如此，后果将不堪设想。

这是我从个人经历中获得的经验。20世纪90年代末，我创办了一家公司，致力于利用技术的力量帮助高层决策者和商业领袖获得他们需要的答案。我相信，由于有了互联网，我们可以使用先进的工具（那时候谷歌尚未出现）找到任何你需要的答案。互联网好像是个金矿，但其实不然。为什么？因为我们发现，在大多数组织中，最大的问题不是找到答案，而是提出正确的问题。我与许多高级情报官员交流过，他们承认，美国政府也存在同样的问题。虽然拥有大量的设备和资源用于收集信息，但在如何高效利用这些人才、卫星和计算机时，却遇到了真正的问题。一位现任高级情报官员对我说："我们面临的最大挑战是如何提出正确的问题。人们通常会让刚发生过的事情左右他们的问题，例如，如何避免下一次‘鞋子炸弹客’①的袭击，而这看上去并不像是我们可能遇到的危险。或者他们的专业技能和要做事的渴望让他们转移了关注点，就像‘手里拿着锤子，什么都像钉子’一样。这样，那些认为将来可能发生无人机战争的人提出的问题，最终的答案必然是需要无人机作战。"

所以，归根结底，是哈姆雷特搞错了。"生存还是毁灭"不是真正的问题，真正的问题是"问题是什么"。对此，历史告诉我们，要从我们长期习以为常的最基本问题入手，如"我是谁？""谁来统治？""钱是什么？""什么是工作？""什么是和平？""什么是战争？"

由此得出的一个经验是，变化越深刻，我们

---

① 1973年出生的理查德·里德是一名英国恐怖分子，2001年，他穿着装满炸药的鞋子登上了巴黎飞往迈阿密的航班，在飞机上他试图引爆炸弹，但被乘客制服，没能成功。之后人们送他一个绰号——鞋子炸弹客（shoe bomber）。——编者注

提出的问题就越要回归根本。最简单、最直接的问题才能切中生活的要害，才能更有效地避免纠缠细节、逃避现实和寻找借口。

"我是谁？"这样的问题会引发更多的问题，即我们如何获得自己的身份，以及在一个相互连接的世界里，我们对社会的看法可能会有何改变。回答这些问题可能会使我们质疑过去的社会治理观念和制度在未来是否也能奏效，或者它们是否需要改变，还会引发一些关于技术作用的问题，如技术如何帮助我们实现这些变革，创造其他类型的社会，无论这些社会是好是坏。这些都是由我们对身份的追求所驱动的，它们也可能对我们的生活产生深远的影响。

尽管总有一些聪明人会开拓新的思维方式，提出正确的问题，但所有公民都有责任重视类似讨论中提出的问题，而不单单把它们看成是智力训练。我们的未来，无论对于个人、社会、国家还是文化而言，都取决于正确地提出问题。

我们也不应该害怕这项任务，尽管我们许多人对未知的事物有着天然的恐惧。如果你对我们所走过的路展开分析，却无法得出未来更美好的结论，那将是极不明智的。恐惧似乎充斥了我们对过去的讨论，恐惧也被很多当权者作为统治的工具加以利用。尽管如此，我深信，对未来的世界提出正确的问题，并找到能够帮助我们找到答案的人，是让我们了解未来巨变、对留给子孙后代的世界更加乐观的必由之路。

所以，我想，这就是父亲在 1973 年那个夏日的午后想要传达给我的信息，也是他和他那些富有创新精神的同事，以及他毕生的研究留给我的财富。由于人类的聪明才智，历史上大多数变革，或大或小，或好或坏，都带来了多种形式的进步，并引领我们走向更美好的世界。在这个世界里，人们更加长寿，更加健康，接受更好的教育，获得更多的机会，更加富有。我们有充分的理由认为我们比历史上任何一代人都要幸福。

如果我们能记住这一点，那么也许我们不仅不会回避这些问题，而且会发挥想象力来寻找答案；不仅想知道会发生什么，而且通过思索这些问题，支持变革，让未来变得更加美好。

·· 第二章

我是谁？
重构的身份和社群

我是谁？这个能让我们认清自己的问题并不好回答。名字、性别、种族、家庭中的角色或从事的工作，都不是完全充分的答案，我们该如何定义自身呢？

从出生开始，很大程度上，与他人的关系确定了我们的身份：我们认识谁，谁认识我们，周围的人如何看待我们，我们期望如何被看待。我们常常从别人的评价中来审视自己，通过日常生活中其他人的观点来看这个世界。最初，我们眼中的一切都是家人看到的；之后，我们在跟朋友和同学的交往中了解自己；成年后，类似地，我们从自己的小家庭、同事、政治盟友、俱乐部会员或一起参加活动的伙伴那里获得自己的身份。在某种程度上，跟我们在地理、文化或者宗教方面关系密切的人，如邻居、同胞以及有共同传统和信仰的人，也会帮助我们了解自己。

我对自己的认识，通常是从最亲近的人那里获得的：对于能干且耐心的妻子，我是与她一起生活的浪漫伴侣；对于两个可爱、有创造力、调皮活泼的女儿，我是慈爱的父亲；在我生活多年且引以为豪的原生家庭，我的角色是儿子、兄弟；在职场，我当过作家、首席执行官、编辑和政府官员。定义我的每一个维度都需要其他人的参与：家人、同事、读者、合作伙伴、选民。没有单独哪一方面能完全界定一个人，相反，每个方面都是拼图的一部分，组合起来，形成了我们对自身的认识。历代哲学家都指出，进行更深层次的反思，并从世俗、经验和关系中剥离出来，是发现完全不同自我的关键。

纵观人类历史，在人的社会关系中，有一个因素起着决定性作用，那就是"相近性"。我们通过跟自己"相近"的人来认清自己。这里的"相近"既指字面意义上的距离近，也包括在气质、情感、政治或精神层面的相近。

然而在如今这个互联互通的世界，随着机器智能时代的到来，情况正在发生改变。

新的城市广场

手机全面普及，互联网遍布全球，用不了几年，地球上的每个人都将在一个人造系统中相互连接。这将是一个具有深远意义的历史转折点。正如前面所讨论的，它堪比文艺复兴。不过，我认为它的意义可能要大得多，因为它涉及更多的人，将更加深刻地改变人的生活。想象一下，整个世界将成为一个单一的社群，在这个社群里，无论身处何地，人们都可以随时随地与他人联系，这样的沟通会比历史上任何时候都要容易得多。我们正在重新塑造文明的结构。

我们花点时间来体会这一变化的惊人速度和规模。1377 年，朝鲜的高丽王朝时期，首次出现了金属活字印刷机。又过了大约 65 年，约翰内斯·谷登堡才在欧洲首次展示了他的手艺。从那时直到 1800 年，活字印刷机总共印刷了不过 10 亿册书。相比之下，手机用户从零增长到 10 亿只用了 12 年。这个时代来得如此突然，让人感到措手不及。要知道，电话用户从零增长到 5 000 万用了 75 年，脸书花了三年半的时间就达到同样的规模，而电子游戏《愤怒的小鸟》达到这一规模仅用了 35 天。

现在销售的手机有一半以上是智能手机，智能手机上网占了互联网全部使用量的 80% 左右，这意味着人们用手机做的事情远不止打电话和玩

《愤怒的小鸟》。手机改变了人们消费和理财的方式，结交朋友和维持友谊的方式，参与社会活动的方式，接受教育的方式，健身的方式，了解新闻和娱乐的方式，犯罪、煽动暴力的方式，以及寻求新的颠覆性创新的方式。即使是在地球上最贫穷的非洲大陆，预计到 2020 年，手机普及率也将达到 80% 左右。[①]

如今，在互联网上可能有 200 亿个电子仪器，到 2020 年估计达到 500 亿个。这些仪器中的大部分将嵌入冰箱、汽车、工业机械、喷气式发动机、桥梁传感器和海上浮标等设备。它们能实时捕捉和处理数据，让我们充分、实时地体验到全球各地的日常生活和商业活动，其效果难以想象。加之新型计算机处理数据的能力不断增强，并可利用数千甚至数百万台计算机统一进行

---

① 本书英文版出版于 2017 年，所以本书涉及的数据也仅截至 2017 年。——编者注

大规模的数据分析，可以预见，机器智能时代正在来临。

这样的转折着实罕见。历史上，没有任何一个转折如此突然地冲击我们的生活，让我们面对巨大的变化而毫无准备，不知所措。

这对我们身份的影响是深远的。很快，我们将不仅仅与地球上每一个人联系在一起，而且与每一个企业、与数量庞大的机器和传感器相连，这些机器和传感器可以实时地显示世界各地的人是如何生活的。我们将有史以来第一次拥有一个全球范围的文化生态系统，在这个系统中，所有人都可以随时随地相互联系、接触，相互影响，比以往任何时候都更加方便快捷。

互联的世界正在重新编织我们之间互联的纽带，数十亿人不得不重新思考自己的身份。我们会跟新的朋友和伙伴互动，了解距离遥远的社群，获得新的技能和能力来利用这种密切的联系。这种联系能让我们受益，但也可能带来威胁。每个人都会发现，曾经遥远的世界变得近在咫尺，曾经陌生的人和经历变得熟悉。那些寄希望于在网上找到志同道合朋友的人，也会发现他们的交往不再受距离或者国界的限制。

同时，从一出生就在这些联系中成长起来的一代人，已经对这些互动模式习以为常。他们的城市广场是虚拟的、无限的，在这里，他们可以与任何地方的任何人见面、互动和交往。

就在 20 年前，地球上只有三类人能称得上"数十亿"：中国人、天主教徒和穆斯林。今天，与他们数量相当的是虚拟社区：脸书、谷歌和雅虎的用户。既然我们的身份认同来自我们所交往的群体，这些群体发展出了自己的文化、规则和用语，那么我们有理由问一问，这些虚拟的巨型社群是如何影响我们对自己的看法，以及我们是谁、我们如何行动、我们与谁互动等现实问题的？我们的身份正在发生怎样的变化？

也许我们很容易将此视为"技术狂热"，过

分夸大了那些新鲜玩意儿，如 ATM（自动取款机）、洗碗机等对我们生活带来的影响。但我们需要问的是：技术会如何改变我们自己或者我们所处文明的特征？换句话说，当曾经的交流障碍出现在我们跟新朋友、伙伴、合作者以及各种社会关系之间时，我们必须要问：我是谁？

现代部落

现在，让我们仔细审视关于身份认同的一个方面——我们在部落、城市、国家或民族中的位置，这是历史的一个转折点。与宗教身份一样，我们身份的这一方面自古以来就是冲突、流血和混乱的根源。它已经成为社会运作的基础。我们用来表示"同胞"的词语，从英语中的"countryman"到德语中的"Landsmann"，字面上看，都是指与我们共享地理空间的人。

以后不是这样了。要回答"我是谁"，不再围绕"谁住在附近"或"我与谁有共同的风俗习惯"这样的问题，而更多地考虑"谁与我的信仰或喜好相同""我与谁共享心理空间而非地理空间"。

网络让全球各地的人能很容易地交流沟通，虚拟社群便应运而生，像在旧日的城市广场上，人们可以在此分享兴趣爱好，增进社会交往，协调关系。当距离不再是主要问题，其他障碍也随之显得无足轻重。在互联网上，人们有可能以不同的标准进入新的社群，重新自我界定或者掩盖旧的、传统的身份，并消除与面对面互动相关的一些限制。本地社群原有的一些标准可能会把人际交往、个人兴趣或者某个话题作为禁忌，现在已没有必要了。

这种分离让自由和风险并存。一个新名字、新形象可以摆脱很多限制。互联网也包容那些观点过于怪异的人，他们在现实的环境中不大可能找到志同道合者。比如"明天会更好"是专栏作者兼作家丹·萨维奇与其合作者在 2010 年发起的一个项目，旨在声援女同性恋、男同性恋、双性恋和变性青年。起初它只是一个 YouTube（油管）视频，后来发展成一个运动，世界各地的人都可以分享他们的故事，在他们的运动中寻求支持，结成联盟。想象一下，以前召集这些屡屡被评头论足的群体要面临怎样的挑战，而现在借助互联网的覆盖面、传播速度和隐私性，又是多么容易做到。志同道合的政治盟友或是试图解决共同难题的科学家（这是互联网开创者的初衷）所组建的即时网络社群每天都在激增，不论社群中的人是难民还是备受压迫的少数族裔。

不幸的是，这种新的联通也会产生消极的后果。你一定听说过有些难以查询、完全匿名的网络——暗网（Dark Net）。在暗网的阴暗角落里，从恋童癖到人贩子再到恐怖分子，这些坏人可以商定计划，完全隐身地联络与协作。一些不容于社会、心怀愤懑的人，为寻找所谓的使命，表达对世界的不满，在聊天室和社交媒体上密谋。其结果是招募的狂热分子数量激增，助力了"伊斯兰国"这样的恐怖组织迅速崛起。

即使是在社会比较稳定的地方，问题依然存在。随着联通性的不断增强，人与人之间真实的亲密互动是否会受到影响？网民面对面交流的能力或者在社会情境中处理复杂问题的能力会不会退化？2010年，日本政府发布的数据显示，日本有70万人是蛰居族。日本厚生劳动省将蛰居族定义为"拒绝出门，在家中与社会隔离超过6个月的人"。互联网似乎提供了一个有利的工具，让蛰居者隐匿在自己的世界里，加深了与他人的隔阂感。很不幸，蛰居是导致日本男性青年自杀率高的一个关键因素，他们心灰意冷，也无法寻求帮助。

这种变化有多深刻、多持久，还有待观察。当然，如果认为所有即将发生的变化都会带来好的结果，那就大错特错了。

然而，为全面彻底的文明变革欢呼不是本书

的目的。变革已经到来，无论我们喜欢与否。问题是我们对这些变化做好准备了吗？它们将如何影响我们对自己身份的认识？我们能利用它们的优势吗？我们能最大限度地限制变化带来的负面效应吗？

共同的语言

互联网的一体化力量能强化我们人类独有的特征，也能破坏它。在这个超级互联的世界里，我们渴望与他人共同生活，相互沟通，一起工作，这就需要某种全球性的同化。我们的差异，无论好坏，都将被纳入人类的普遍性特征。这一趋势前所未有。这里，我要说一说语言。

纵观历史，人们为了实现自身利益而寻求联系时，首先要找到一种共同的语言，设定共同的愿景。500 年前，世界上大概有 7 000 种语言在使用。今天，语言的总量已经下降到 5 000 种，它们分属 25 个主要的语言群。在这些语言中，只有少数几种占主导地位。地球上大约每两个人中就有一个讲印欧语系中的某一语言。

现在，互联网正在加速语言整合的进程。在世界排名前 1 000 万的网站中，约 55% 的网站使用英语，其次是俄语（5.9%）和德语（5.8%）。虽然在过去 10 年中，非英语网站的数量稳步增长，但英语仍然占主导地位。一项研究显示，自 2005 年以来，所有网站中约有一半是英语网站。在排名前 1 000 万的网站中，除英语网站外，仅有 11 种语言的网站占比超过 1%。

从另一个指标看，截至 2013 年底，说英语的网民占互联网用户的 28.6%，汉语用户占 23.2%。再往后，分布比例就会下降到个位数，西班牙语占 7.9%，另有 7 种语言占 2% 左右。

不祥之兆已经出现。[①] 这意味着，如果人们

[①] 原文为 The writing is on the screen，是对 The writing is on the wall 的戏仿。——译者注

想要利用广泛的联通达到各种目的，如生存、做生意、参与社会生活、接受教育或获得医疗保健，就需要掌握在互联空间中普遍使用的少数语言中的一种。

新技术有可能使语言翻译变得更容易，或许可以减缓发展互联网通用语的趋势。互联网增加了人们获取信息和资料的机会，让人们方便地找到与自己背景相同的人，接触到更广泛的群体，因此互联网也能够保护文化的独特性。但是，像音乐和电影，网上的大部分内容也只限于几种语言，代表着少数的文化。在全球电影、电视和音乐市场，英语占据了主导地位。普华永道的一项研究预测，美国将在 2019 年主导这个市场，约占全球娱乐和营销的 32%。根据《福布斯》的数据，该领域的前十大公司都是在美国或英国注册的。

文化同质化的问题在全球范围内被广受关注。很自然，我们会对多样传统的消失感到惋惜。但网络内容的影响力和经济价值与受众的数量有关。所以，网络内容的生产要满足消费能力最强的人。这些内容库的规模巨大，是激励其他人掌握这些语言的动力。

另一个问题是：语言对于身份有多重要？如果消除了沟通障碍，我们所获得的多于失去的吗？我认为，我们的确可以收获更多。不同人群间的差异已经造成人类数百年的痛苦，如果仍旧对这些差异非常留恋，就会让我们面临风险。从历史上看，对人与人之间差异的怀念是非常危险的，经常被恶意利用。

矛盾的张力

当然，对于后地缘时代中面临危机的民族认同，语言仅是一个层面。今天，互联网用户可以浏览具有文化共性的信息，包括宗教、音乐、艺术或者政治。互联的世界一方面能帮助保存或重新定义本地特征，另一方面又创造新的同质化力量，二者之间的矛盾张力是这个新时代的基本特征。它可以更容易地动员快闪族来保护共同的价值观，或推进共同的事业，它也可以让人们为自己的网络社群制定标准，这可以借助特别的算法。有了网络空间，你可以做出选择，建立大型社群，召集具有特定兴趣的人或有共同价值观的人。

在这个网络世界，同质化和本地化甚至不是对抗的力量。我们来看看现代的全球精英群体——世界上最富有、最有影响力的公民。我采访过许多著名大公司和金融机构的领导人（为了我写书的需要，如《超级阶层》《权力组织》两本书），发现这些坐飞机往来于全球市场的富豪有很多共同点，比他们同本国人和本族人之间的共同点还要多。他们阅读同样的几份报纸如《纽约时报》《金融时报》，浏览同样几个主要的网站，阅读相似的书籍，衣着打扮大同小异，去相似的地方度假，下榻相同的酒店，平日住在为数不多的几个专属街区，也会时常见面，在特定的几家知名餐厅吃饭。如果你在同一天晚上从一家餐厅转到千里之外的另一家餐厅吃饭，可能会听到非常相似的对话，因为他们的兴趣和信息来源多有重叠。

这不仅是占社会 1% 的精英群体的文化特征，也是他们自身利益的自然表达。私募资产管理公司黑石集团的首席执行官史蒂夫·施瓦茨曼曾对我说，有了遍布全球的关系网络，他只需一个电话就能联系到地球上任何地方的掌权者。换句话说，最有权势的人发展成一个紧密的网络，有利于精英阶层每个成员的职业、经济和政治利益。

顶级金融专业人士和其他精英的全球化速度比地球上其他阶层的人都要快，这一点也不奇怪，因为他们更早地获得了连接技术。虽然建立连接并不新鲜，但实现无处不在、轻松便捷的连接则是优势。这并非简单地体现在便利的密室聊天。就像黑石集团和私募股权投资一样，这些连接将引领全球金融业资本流向世界的每一个角落，比其他行业的全球化速度快得多。为何这么说呢？因为他们接入的每一个新市场都是开展业务的新机会——能见度带来了流动性，进而收获了利润。而能见度的关键是连接。这反过来又推动了全球经济增长，推动依法治理在更多的地方落地生根（因为这是银行家保护他们在资本流动中的利益所需要的）。至少，这是全球化的支持者（我承认，我也是其中之一）提出的一个论点。话虽如此，将市场和这些市场中的精英联系起来，也使他们能够利用自身的影响力，在有利可图的领域积极作为。这就导致全球性规则、法律以及税收制度的制定，会过分注重为那些最有权势、最能发挥全球影响力的人的利益服务，而忽视或淡化了那些连接不畅、信息不灵通、全球影响力较小的普通公民的利益。

因此，新技术能够也确实为当今世界的精英

群体提供了特殊的优势，使他们能够相互联系，扩大了他们与网络资源匮乏的人之间的差距。这就是现实：几百个富豪家庭所拥有的财富远远超过地球上最底层的 2/3 的人所掌握的资产。这些新技术会不会成为阻碍新的民主化的工具？会不会出现一个新的技术超级阶层，这个阶层始终保持独特的优势，特别是在一些金钱可以购买技术和专业技能的领域，从而保证在大数据的获取和分析、网络安全或金融分析和管理等方面获得特权？随着互联网的日益普及，廉价但强大的技术工具能否让整个世界更加清晰地了解精英群体的行为方式，最终让财富趋于平均？这是我们在未来可能遇到的一系列关键的社会问题。

　　这跟我们这些没有私人飞机的人更为相关。全球化加速显而易见，这是否意味着你可能很快就不把自己描述成美国人、中国人或法国人？或许不是这样。事实上，世界范围内文化的自由交流——不仅仅通过互联网和新的通信技术，而且也通过现代化的交通工具来实现——产生了一种反拨作用。宗教极端主义的兴起在很大程度上出于避免西方价值观侵蚀、保护古老传统的愿望。新技术推动了难民潮，即使难民的流动采用的是原始的危险的形式，也会起到反拨作用，导致民族主义抬头。技术正在消除边界，有人觉得自己的身份处于变动之中，试图将其固化，结果只能是徒劳。

很明显，我们这个新连接在一起的世界能够实现同质化，也能帮助巩固本地化。问题不应该是哪一个力量会占上风。事实上，在我看来，我们应当期望未来生活在这样的矛盾和张力之中，就像过去一样。

也许我们可以把希望寄托在新技术之上，无数个人和组织利用新技术来确保发展保持正确的航向，其前景是不同文明的融合，而非冲突。这种新现实正在我们身边展现。有了精通社交媒体的教皇，数百万的追随者就能在他 140 字左右的简短帖文中获得心灵慰藉。世界上也出现了很多超大型社群，这些社群的规则是由技术工程师和商人制定的，而不是由选举或选定的官员确定的。这些人就像在使用织布机，用网线把整个世界及其社群连接在一起。网络上每个单位都是独一无二的，而最后编织出的是一个新的全球化的社会结构。

我思故我在？

在这个新时代，我们对自己身份的传统观点可能遇到很多挑战，其中最大的挑战将是人工智能的出现和演化。这里，演化具有特别的意义。对于智能、智力的理解会迎来一个转折点。过去我们赋予智力（人类大脑能力）的界限将被超越。超越人类的智能不再是梦。在整个人类发展史上，我们人类始终拥有着这个星球上最强大的智能，而这一殊荣在 21 世纪可能不复存在。

这个即将出现的转折点会带来什么影响？

哲学家尼克·博斯特罗姆一直做着领先一步的思考。与人工智能领域的领导者多年的合作让他确信,深刻的变化就在前方。他问这些领导者,什么时候我们才能拥有真正能够独立思考的机器。有人说是 2030 年,有人说是 2040 年,有人说是 2050 年,但没有人说永远不可能,也没有人说需要几百年。这一目标只需历史的时钟嘀嗒几下,下一代人就能实现。

博斯特罗姆提出了重要的问题:我们社会中这股新力量是如何出现的?他进一步假设,如果我们能够创造出一种和我们自己一样伟大的智能,那么接下来会发生什么?如果这种智能超越了我们的智力,那么拥有推理和创新能力的机器下一步会做什么?它们肯定不会停止寻求创造更强大的机器智能的方法。那么,我们在何时以何种方式顺从于更强大的机器智能?

麻省理工学院的雪莉·特克尔教授是另一位有远见的人,她花了很多时间来反思我们是如何与技术互动的，以及是如何与即便今天看来还相对原始的人工智能建立情感纽带，对其产生依赖的。她问道，想象一下，机器人能够照顾我们的孩子，维持家庭生计，或者提供医疗服务，我们会有何感受？当有意识的机器人或超强的计算机承担了我们在社会中更多的角色时，我们将如何构想自己？或者说，我们将如何利用机器智能和技术来提升自己的能力？我们已经知道，大脑可以与机器（或其他大脑）连接，以增强人类的表现。增强的人类智能将如何实现？如果不能公平地获得它（说实话，很可能不会），社会和经济的分化将会变成什么样子？

人工智能正在迅速超越单纯的机器，并且正在缓慢却不可逆转地融入我们生活的其他方面。设想如果有了人工智能支持的虚拟现实，可能会发生什么。

罗尼·阿博维茨思考过这个问题。他是增强现实公司 Magic Leap 的总裁兼首席执行官。作为一款发明家兼艺术家设计的产品，阿博维茨的虚拟现实头盔并没有用一个奇幻的会议室取代我们生活的世界，相反，它用一个数字世界覆盖了我们的现实。"想象一下，"他说，"你身在中国，所有的广告牌都是英文的。在餐馆里，当人们和你交谈时，会有同步的字幕。"他向大家解释这个设备的功能，"你甚至没有意识到，你生活在计算机创造的环境里。但这正在变成现实。"虚拟按钮和传感器会出现在你家的各个角落，提示你牛奶喝光了或洗衣粉用完了，并让你立即从亚马逊或者其他网站上订购。

随着虚拟现实技术的发展，我们可以在这个创造的空间里体验更多的日常生活，现实世界和虚拟的运动场、学校、市场和医院在这个空间里交汇。这就是一个放大的"精灵宝可梦空间"，是数字世界和自然世界的无缝交织。甚至有一天，我们创造的计算机可能不需要任何人类的指令就能改造我们的环境。当然，我们需要在现实世界中行动，但当我们越来越多的生活内容发生在虚拟空间中时，这将意味着什么？当我们大部分的生活都是通过点击满眼的计算机按钮来进行的时候，真实和虚拟是否会变得难以分辨？那么，什么才是真实的？家在哪里？哪个世界我们感觉更舒适？我们可以问，人类能否适应虚拟环境？我们已经确认，人类能够也正在适应虚拟环境。毕竟，人们已经创造出了虚拟世界，来展现他们幻想中的星球，这是他们希望占据的空间，或者至少是可以为他们提供娱乐或赋予他们能量的空间。

人工智能也在寻找进入我们生命的途径。医学研究人员正在开发可消化的生物传感器，以监测一系列的人体功能。约翰·罗杰斯博士是生物电子学领域的领军人物。生物电子学是电子学和生物系统的交叉学科。罗杰斯拥有100多项专利，最近他受聘到西北大学芝加哥校区，继续利用最先进的纳米技术，开发具有足够柔韧性的硅半导体软电子产品。该产品将被植入人体，给患者及其医疗团队提供即时更新的医疗信息。

曾在麻省理工学院学习过的未来学家和发明家雷·库兹韦尔预测，这些努力一定会成功，并能引入我们的人体系统。他多次撰文并在公开场合发表演讲，阐释他的理论。他认为，该技术在未来几十年中会更复杂、更精准，以至我们的颅骨不仅容纳了大脑，而且还会有无数植入 DNA（脱氧核糖核酸）、在我们的毛细血管中游走的纳米机器人。这些微小的机器人将通过非生物学思维增强我们自己的心理过程。有人认为，未来机器将代替人类，而库兹韦尔则看到了人类的光明前景：人工智能可以将大脑真正连接到互联网，来改善理性和感性思维。如果他的预测得以实现，那么在思考大创意、寻求创新解决方案，或者仅仅只是探索一种新的音乐类型时，我们就能增强思维，从更广泛的渠道中汲取灵感。

我们的体验如此彻底地融入人工智能，作为

人的意义何在？存在的意义是什么？这些工具是否会像库兹韦尔所预言的那样，仅仅是建立在我们的人性之上，提高我们表达自身的能力？它们会不会使我们的企业和协会的效率提高，因为会议可以在任何时间、任何地点进行，每个与会者都能即时获取在线资源来启发思维？抑或我们会慢慢地退居幕后，由机器来创造我们的世界、丰富我们的思想？当我们的思想来自他人创造和操控的微型计算机时，"我是谁"这个问题的答案会是什么？

我们可以走得更远。如果一台机器被认为是有自我意识的，和人类一样聪明，拥有某种思想，甚至拥有对社会有益的独特知识，那么法律会如何发展以保护机器和（或）其中的知识呢？我们能否设想有一天智能机器也会拥有属于自己的权利？如果机器超过了我们的智力和推理能力呢？那时我们将如何看待人类？机器又会如何看待人类？当人类逐渐被视为只是向更高级的机器智能演进的连接点，这样的问题是否就不那么重要了？

尼克·博斯特罗姆最近一直致力于思考这样一种未来：人工智能将超越人类，有可能占据我们的位置。他认为，在这一天到来之前，我们需要教会人工智能接受我们的价值观。在机器发展和学习的过程中，我们可以建立初始条件，并对初始目标进行编程，以确保机器的发展不会威胁到我们所珍视的东西。

正如你所看到的，社会即将发生的变化以各种方式迫使我们一次又一次地思考"我是谁"这个基本问题。但是，这些变化不仅迫使我们对这个问题重新评估，还应该促成这种评估。我们的邻居、长辈或几个世纪的习俗曾经彻底抛弃的东西，联通性和无处不在的通信交流正让它们重现生机。每个人身份各个方面的变化都成倍地增加，其影响将是非常深远的。用这样的变化去触动地球上的每一个人，让变化以更多的方式出现，识别我们自身的所有改变，那么前景仍将是十分美好的。当然，很多人试图利用新兴的技术资源来对抗自我提升、自我意识以及自我发展的趋势。这种斗争必将成为未来几十年的一个标志，尤其是在那些寻求封闭、阻挡变革大势的社会中，更是如此。

第三章

我们是谁?
社会契约与权利再思考

"我们是谁"是一个比"我是谁"更重要的问题。我们是社会性的动物,共同生活,相互依赖,必须与周围的人竞争。为了更好地生活,当人们脱离了托马斯·霍布斯和让-雅克·卢梭等哲学家所描述的自然状态时,我们的先辈签订了一份社会契约。根据契约,我们约定一起创造富裕幸福的生活,但条件是必须遵守一定的规则:有物质需要时,不能偷窃;感到愤怒时,不能杀戮。简而言之，社会契约的条款要求个人的需求必须服从社群的需求。虽然大多数人不会细细琢磨这些条款，但它们为我们的生活建立了基本的框架。要想持续有效地发挥作用，这些条款必须随着文明的发展而调整，适应新的现实，面对新的挑战。

我们在调整社会契约时，必须回到一些核心问题上。这些问题很少有人问，但确实应该提出来。尽管政治家可能会反问："我们究竟希望生活在一个什么样的社会里呢？"一个更重要的问题，一个可以追溯到社会契约起源的问题是："我们为什么要生活在社会里？"这是一个我们在很多方面都忽视了的问题。事实上，承认"我们是谁"的重要性就会引发相应的关切："我们的权利是什么？""既然新技术已在我们的掌握之中，而且技术总是在改变治理的性质，那么我们应该如何管理自己？"

我们这些人

国家宪法旨在保护每个公民的基本权利，世世代代不变。当然，这类法律文件也是时代的产物。这就是为什么美国宪法能从那个时代的辩论中（比如关于新闻自由的辩论）汲取营养，并且孕育了自我革新的种子。事实上，宪法具备可持续性的秘诀在于既能抓住经久不衰的东西，又能预见变革的必要性。因此，最重要的问题之一便是"我们、我们的体制以及哲学观是否足够灵活，在无先例可循的情况下适应那些迫在眉睫的伦理、道德和社会挑战"。我相信答案是肯定的。（不过，在思考这个问题时，我不禁想起温斯顿·丘吉尔关于美国的那句名言，"我们相信美国会做正确的事，当然，是在它尝尽其他一切可能之后"。）

多年来，美国宪法经历了 27 次修改（第一至第十宪法修正案被称为《权利法案》），与时俱进，以符合各个时代美国最根本的价值观和最大利益。修改宪法以适应不断变化和日益成熟的规范，有几个很好的例子，如第十三宪法修正案结束了奴隶制，第十五和第十九宪法修正案提出，不论种族或性别，人人都有投票权。

由于一开始就留有更新的余地，最早的宪法文本很少提及技术。其实，美国的缔造者们确信，技术会随着时间的推移而进步，他们甚至在第一条第八款（版权条款）中包含了对创新者专利权的保护。宪法中提到的技术在 18 世纪末期已经融入日常生活，是政府运作所必需的，至少是非常必要的，例如金钱、军队。在《权利法案》中，至少有两种情况，公民为保障自由可不受限制地使用技术，即新闻和武器。当宪法将言论自由纳入美国的国家法律时，新闻业在北美已经有 300 多年的历史了。同时，对所提到的武器没有做具体说明，但无疑包括当时维持民兵组织所必不可少的枪支，这也是最初规定持枪权的明确理由。

技术进步一直在考验看似构思完美的美国宪法所依据的假设。这一点在最近关于第四修正案的争议中表现得非常明显。第四修正案中的禁止非法搜查和扣押，明确适用于 18 世纪末的主要信息存储系统（纸质文件），而现在则有一个是否要涵盖电子邮件和元数据的问题。而且，可悲的是，尽管公众的激烈辩论强调，宪法的制定者不可能预见 21 世纪的武器，而且现在的武器与管理规范的民兵关系不大，但美国的特殊利益集团抵制变革。变革本来可以更好地体现宪法赋予的狭义的、目的驱动的权利精神，因为就当今的技术而言，这是一个实际上没有民兵也不需要民兵的世界。

　　认为人们不能主张超出宪法制定者想象力的权利，就像相信 18 世纪制定的每一项法律数百年后还能适用一样，都是荒谬而且危险的观点。不把权利观念与现代生活方式协调一致是有害的，这将产生有悖于宪法原则的漏洞和风险。（很显然，宪法制定者在制定法律禁止非法搜查个人的文档或住宅时，并无意将非法搜查局限于当年适用的搜查方式。）

当下的技术变革要求我们重新考虑基本权利应包含什么。变革存在的风险和威胁是复杂的、全新的，仅有少数人能够理解。我们不能仅仅因为它们晦涩难懂就任其增长。如果让那些了解新问题的技术精英来决定如何解决问题，而蒙在鼓里的普通人只能接受精英的结论及其产生的后果（正如目前正在进行的辩论，即什么样的政府监督行为在这个大数据连接的世界里是可接受的），这并不符合我们的民主理念。

使用互联网的权利

不受限制地上网是现代人追求的权利，相当于美国的先辈们要求人们阅读或传播托马斯·潘恩（Thomas Paine）撰写的小册子或聚集在城镇广场进行讨论的权利。联合国见解和言论自由问题特别报告员认为，切断人们与互联网的联系是对人权的侵犯。2000 年，爱沙尼亚首次将这项权利写入法律。作为开拓者，爱沙尼亚与互联网的接触可以追溯到 10 年前，当时这个国家正处于危机之中。1992 年，苏联解体后，爱沙尼亚出现了严重的经济衰退，总理马尔特·拉尔投资建设用于商业登记和新政府基础设施的数字系统。截至 1998 年，该国每所学校都接入了互联网，2000 年之前，互联网在该国便得到普及。从那时起，互联网的使用已经扩展到该国的偏远地区，有效地促进了政府改革，并吸引了具有全球视野的投资者。联通性被视为该国走向现代化的一个重要标志，也使之成为思考网络时代新问题的典范。此后，包括哥斯达黎加、芬兰、法国、希腊和西班牙在内的其他国家也都在其宪法、法律准则中，或通过司法裁决，明确肯定了访问网络的权利。

从人与人之间的联通扩展到设备之间的联

通，即物联网，所有的交互都必须遵守我们的法律，符合我们的价值观。谁来起草这些新法律？谁来为之辩论？法律实施后，哪些选民能理解其意义？

相关问题随即出现。信息时代是否存在隐私权？在这个经济价值的基本单位是比特和字节的时代，谁拥有某个人或某个传感器产生的数据？例如，如果拥有互联网使用权，是否意味着人们也必须拥有接入网络所需的电力使用权？答案是肯定的。电曾经是一种奢侈品，而如今，将近 13 亿用不上电的人其实是与现代生活隔绝了。这就引发了另一个问题：在这个世界上，大约 80% 的电力是靠燃烧矿物燃料产生的，并且在未来很长一段时间内，情况不会改变。那么，人们享有的在清洁、健康环境中生活的权利与互联网提供的参与社会和经济活动的权利，二者如何平衡？

谁拥有数据？

谁可以进入互联网？可以访问哪些网站？谁合法拥有在互联网上产生、共享和使用的数据？目前，这些影响深远的决定往往是在没有经过深思熟虑的情况下做出的。做出这些决定的是强大的利益集团。如果你不去费心思考"互联世界中隐私的性质应该是什么""互联世界中个人和政府对其数据的权利是什么""谁拥有我的数据"这样的基本问题，这些利益集团会非常高兴。

国家、公司和个人要想在竞争中获胜，数据流正变得和资本流一样重要。理解了这一点，那么一个根本性的问题就成了"谁拥有数据"。想象一下，每个人都会产生一定数量的数据，以显示他的兴趣、财力、健康、购物需求等。这些数据具有重大的经济和政治价值。互联网时代开启以来，大公司一直试图诱使普通公民放弃数据带来的价值。例如，谷歌已经说服了数亿人，让他们相信用自己的数据换取免费电子邮件是划算的。然后，谷歌再把收集到的数据以数十亿美元的价格出售。这将成为有史以来最大的骗局之一，跟用价值 24 美元的珠子从美洲原住民手中买下曼哈顿岛如出一辙。

然而，"谁拥有数据"这个问题更为复杂。关于我们的位置或政治派别的数据可能会引起高压或专制政府的特别关注。因此，可以想象，公司、政府和个人都要求拥有获取这些数据的权利，这就是目前正在进行的斗争。美国政府已经采取行动，试图获得苹果手机的加密数据，作为打击恐怖主义的一种手段。而各大公司则努力推动制定隐私法，以便能拥有其应用程序或软硬件所收集的数据，并拿来赚钱。

因此，如果说比特和字节是新经济最基本的价值承载工具，即信息时代的货币，"谁拥有数据"这个问题的答案就决定了在这个新时代谁拥有财富，谁拥有更多的权力。

社会契约多久需要更新一次?

这些变化似乎一定会改变社会的运作方式,重新定义富人和穷人、权力的有无及使用、什么是机会、如何获得机会,以及风险的性质。既然知道这种变化近在眼前,我们就必须自问,如何调整社会契约以适应未来的需要。用来衡量我们国家或领导者成败的所有指标,往往隐含一些理由,这些理由要么与源于历史经验的假设相关,要么与特殊利益集团为自身需要而精心设计的假设有关。例如,我们有时用国家的经济增长来衡量我们的进步,这主要看国内生产总值或收入水平提高的速度。或者,我们有时仅专注于自己国家内部的衡量标准,对全球趋势或问题却视而不见。这些问题曾经显得很遥远,但今天却能直接影响我们的生活方式。

但是,社会的目标仅仅是纯粹的经济增长,尤其是只对极少数人有利的经济增长吗?我们常用的衡量指标就经常导致经济的增长仅让少数人获利。如果有些事情发生在境外，是否就不那么重要了？在历史上的某个时期，社群指的是距离我们很近，有诸多共同点的人。然而，正如我们看到的，在互联的世界中，社群不再主要以地理位置或距离来定义。社群中互动的性质发生了变化，共同利益产生了差别。社群内的共同利益可能比同一城市或国家内部的更多。如果真是这样，我们要向谁表达忠诚呢？

社会契约的演化并不是一蹴而就的。在过去，改变社会契约的多数变化都是缓慢展开的。印刷术花了 350 年的时间，才改变了社会话语，直至民主政府不得不将新闻自由奉为一项基本人权。在这一时期内，当权者竭力控制不同意见的传播，曾经爆发过革命，很多人失去了生命。追求言论自由的先驱，无论是在政治、宗教、经济还是艺术领域，都被判刑入狱，甚至被活活烧死。对于他们的命运，当时的议会、大学和沙龙里曾广泛讨论。最终，哲学家与那些未曾受到质疑的核心问题纠缠在一起：君主的权力，统治权是属于君主还是属于人民，人民拥有或应该拥有什么权利和权力。其中有些问题仍未得到解决。例如，一些国家仍拒绝给予人民基本的权利，而这些权利在西方社会早已被认为是不可剥夺的。尽管如此，这些问题在世界范围内还是取得了巨大的进步。

事实表明，在一些力量（主要是大众教育普及）的共同作用下，很多人逐渐有能力自由表达意见和思想。新闻自由成为所有人（先是男人，后来也包括妇女）的一项基本权利。

言论自由是当今民主国家公民的一项基本的价值观，而获得这个共识的过程是漫长而曲折的。这并不奇怪，当今世界上仍有许多国家将这一权利视为威胁，因而拒绝言论自由，并试图利用新技术来扼杀或扭曲言论自由。然而，那些能够通过新技术传播思想并赢得支持的人拥有了新的权力。思想与权力之间的这种关系又引发了至关重要的问题：谁来起草社会契约？谁来修改它们？何时重新审视它们？我们如何实施变革？在这样一个互联的世界里，人们大部分的时间生活在虚拟空间中，不受国界和现有规则的约束；不仅人越来越多，跟人行为相似的机器和应用程序也与日俱增；社会行为发生剧烈变化，甚至像真理这样的绝对概念也被视为相对的和可变的。我们是否面临着新的挑战？

历史上的许多斗争都是发生在这个薄弱环节。人们为主张权利和获得权利而进行的斗争决定了文明的命运。权力的积累决定了几百万甚至几十亿人的命运，变化的速度动摇了我们体制的基础。我们必须再次提出这些问题。先辈们在以前的通信、交通和知识革命中提出过这些问题，改变了我们对社群的观念。的确，无论有没有人问，这些问题都要得到回答。

现实赋予我们每个人特殊的责任。如果我们早晨向窗外望去，看到地平线上乌云密布，就要为暴风雨做准备了。现在也是如此，甚至更为严峻。我们在地平线上看到的不是转瞬即变的天气，而是我们生活方式的巨变。我们必须清楚，这些变化对我们来说意味着什么，我们该如何适应新变化，如何让我们的家人做好准备，以及如何为个人发展和职业发展做好准备。

当然，应对这种动荡不是每个人都能做到的。有些学科可以帮助社会适应这些变化，帮助我们理解这些变化的意义是什么，可能产生怎样的影响和后果，以及我们应该如何利用它们来推动社会各方面产生积极的变化。

我们必须问：哲学家在哪里？

谁能帮助我们理解这些变化：哪些变化是有益的、哪些是有害的？我们应该追求什么？我们应该如何在新的环境中维护核心价值观？纵观历史，是那些哲学家，那些敢于质疑传统观念的伟大思想家，把有关我们社会契约的关键性辩论引入公众话语。他们提出了我们为何进入社会、有问基本权利的问题，这些问题在历史上曾经引发政府的倒台，催生了奠定现代社会基础的伟大思想。"生命、自由和追求幸福"的权利就是一个光辉典范。我们现在需要这些振聋发聩的声音。但在开始辩论当今的问题之前，在开始调整我们的社会契约之前，我们必须首先了解在新时代里人的基本权利是什么。

对重要问题的辩论向来是棘手的，比如，关于言论自由的辩论。长篇史诗《失乐园》的作者、英国清教时代影响巨大的政治人物约翰·弥尔顿塑造了西方人有关言论自由的观点。他认为，获得真理的最好方式是通过自由和公开的意见交流，即大大小小的对话来实现。然而，虽然他捍卫新教徒的言论自由，但他极力否认持有危险观点的人的言论自由，从天主教徒到无神论者，概莫能外。约翰·洛克认为，我们"同情我们共同的无知，并努力通过传播信息以温和而公平的方式消除它"。但他同时也认为，"与人类社会相悖或与那些维护公民社会所必需的道德规则相悖"的观点应该被合法地接受。既是革命盟友又是政治对手的亚历山大·汉密尔顿和托马斯·杰斐逊也是各持己见。汉密尔顿断言，新闻自由是"不切实际"的，而杰斐逊则写道："我们的自由取决于新闻出版自由，限制这项自由即会失去这项自由。"

辩论向来非常激烈。事实上，大多数关键性的辩论皆是如此。当讨论互联的新时代将如何引导我们重新思考和修订社会契约时，应该记住这一点。通过不断的争论和妥协，对大变革进行检视，在集体的智慧和想象中充分交流，才能最终拥抱变革。

没有时间思考？

在当今社会，变化往往在瞬间出现，然后迅速蔓延。1998 年，我在哥伦比亚大学主办的《国际事务杂志》上发表了一篇文章，总结了一系列的力量，这些力量影响了信息时代生活的方方面面，决定了变革的速度和方向。其中包括：

- 加速：事件显露得更快。
- 放大：事件的影响将被放大，触及更多的人。
- 波动：加速与放大会产生更大的波动。
- 分散：网络重新分配权力（见本书后面关于网络悖论以及网络如何同时扩散和集中权力的讨论）。
- 非中介化：中间人的作用被削弱，经常隐身。
- 互联：网络最明显的特点是将所有成员连接起来，但这种无处不在的联系不易理解，且以多种形式存在。

糟糕的是，在这样一个迅速变化的世界里，我们实际上还没有来得及思考就采取行动了。我们在未经公开辩论，特别是在没有哲学反思干预的情况下，就把对社会性质产生深远影响的观点写入法律或颁布为规章制度。当然，当今世界上肯定有哲学家研究社会契约和政治科学的新理论（我们提到过探讨人工智能相关问题的哲学家尼克·博斯特罗姆），然而，现实是，在过去的几十年里，已经有越来越多的研究关注技术如何影响我们现有的社会哲学，以及哲学如何影响我们对待新技术的态度。（我们应该谦虚地承认，这样的研究并不新鲜。德谟克利特和亚里士多德提出的理论就已关注了人工制品如何模仿自然，与自然有何区别。）

当然，哲学不仅仅是抽象思维，它还是我们法律和治理体系的基础。因此，在法律方面，世界各地的思想先行者必须要搞清楚，一部现代宪法需要包含哪些内容来保护其公民。公民使用互联网的权利是否应该受到法律的保护就是一个值得探讨的问题。当政府的权力只适用于自己的国家时，用什么法律制度来管理超国家的信息空间，是另一个需要思考的问题。

在这些问题当中，出现了一个非常棘手和突出的问题，即关于隐私的问题。正在成长的新一代人习惯于把自己生活的方方面面发布到社交媒体上，习惯于可以搜索到所有人的所有信息。许多研究显示，千禧一代和更年轻的几代人基本上对隐私没有任何期望，或者他们的期望与前几代人大不相同。事实上，对这一代人来说，信息透明成为常态，这是前所未有的。从国家或公司的监控行为，到记者发布信息的客观公正性，再到政府信息系统的保密性，都将受到影响。

在这方面，我有过一些有趣的经历。有一次，我的开源情报公司在太平洋司令部总部向海军上将做汇报。我们展示了一张朝鲜导弹发射器的图片。一位海军上将立刻站起来喊道："把那张照片拿下来！这是一个机密简报。"我们带着一丝困惑，平静地解释说互联网上就有这张图片，但他坚持要我们把它拿掉。后来，我问了美国中央司令部前指挥官托尼·津尼将军，他说他曾经做过一项研究，发现在他收到的所有机密材料中，80%的来源是公开的，而在剩下的20%中，又有80%是可以通过公开渠道搜寻到的。不管你能不能改变官僚主义者的固执，预兆已经显现，政府对待机密材料的方式将发生变化，这对于节约成本、更好地制定政策和执行任务将大有裨益。

讨论隐私的一个重要方面涉及元数据的收集。

2013年，爱德华·斯诺登揭露了美国国家安全局的"棱镜计划"，导致两起代表公众对美国国家安全局提起诉讼的案件。这两起案件均于2013年12月做出裁决，但结果迥异。美国哥伦比亚特区地方法院法官理查德·莱昂在"克莱曼诉奥巴马案"中裁定，奥巴马政府大量收集美国公民的数据的行为很可能是非法的。尽管他对这种几乎是"奥威尔式"①的做法表示质疑，但还是允许政府暂缓上诉。不到两周后，美国纽约南区地方法院的法官威廉·保利在"美国公民自由联盟（ACLU）诉克拉珀案"中给出了相反的结论。保利法官认为有必要为国家安全收集元数据，因此驳回了原告的上诉，并根据宪法第四修正案和颇有争议的《爱国者法案》第215条，宣布该计划是合法的。这样相互矛盾的结果凸显了当今隐私问题的复杂性。

相互矛盾的裁决也恰如其分地揭示了一个悖论。社会进步往往要求我们重新评估社会规则，因为这些规则是为不同的时代和现实而制定的（比如制定宪法第二修正案的时候，民兵是普遍存在的，而那时候还没有突击步枪）。不过，我们往往能在旧有的法律文本中找到一些经久不衰

---

① 在英国作家乔治·奥威尔讽刺极权主义政治的小说《1984》中，人们的自由被剥夺，言论受到监控。——译者注

的原则。因此，如果宪法第四修正案禁止搜查文档，而元数据含有这些文档一度包括的大部分内容，那么元数据就应该受到保护。

我们进入了感知无处不在的时代，几乎所有的东西，从你的衣服到你开车经过的桥，再到你的办公桌椅，遍布传感器，产生有关你生活的数据，传递给无数的中间商，这些中间商都声称拥有这些数据的所有权或使用权。这表明关于隐私辩论的复杂性将与日俱增。

一些哲学家眼光更为长远，开始在我们现有的法律和社会契约范围内讨论机器智能带来的风险和难题。例如，博斯特罗姆、物理学家霍金和埃隆·马斯克等很多知名人士都指出了与人工智能相关的危险。他们在"生命未来研究所"（Future of Life Institute）起草了一封联名信，信中表达了他们的担忧，但同时也认为，"旨在让人工智能系统变得强大和有益的研究是重要而及时的"，而且目前就有一些具体的研究方向。

那么其他问题呢，比如谁拥有机器智能创造的知识产权？机器什么时候可以享有某些权利？如果一台机器监视了某人，并保留了信息，这跟人监视别人一样侵权吗？要是机器从未与人分享这些信息呢？如果机器发动攻击怎么办？如果机器可以独立地影响选举结果会怎样？

在全球范围内对这些问题展开深入研究的思想家很多，但除了斯诺登揭发美国国家安全局的丑闻，这些想法很少能进入公众话语。事实上，这些辩论往往集中在过去的问题上，使用过时的表达方式，因为政客们认为这样对他们是最有利的，另外也是因为政客们只明白过去的问题，很少有人受过训练能够理解技术驱动变革的真正意义，很少有人有足够的词汇来讨论这些问题。因此，尽管有创新意识的人认识到大量迫在眉睫的问题并为之积极努力，但那些本应帮助社会做好应对准备的当权者却没有这么做。因为他们没有问对问题。通常，他们甚至不知道该问什么。

变革速度引发社会性质的改变，社会规则的制定和调整能否与之相适应，应该引起高度重视。过去就出现过社会规则跟不上变化的情况，如工业革命急剧地改变了社会秩序，但当权的精英阶层不愿意面对问题，结果导致了 18 世纪末到 20 世纪初的一次又一次革命。我们经不起这样的动荡。放眼全球，看一看"阿拉伯之春"、美国"占领华尔街"出现的网络激进运动，我们不禁要问：动荡是否已经开始？

第四章

谁来治理？
重构的民主与政府

大多数的政治候选人在竞选演讲中滔滔不绝地承诺变革，但他们上台之后十有八九都会让选民失望。

这是因为政府是经济学家所说的"滞后指标"。换句话说，一般情况下，只有当所有的事情都转向下一个阶段时，政府才会考虑改变。可能是因为政府的职责要求审慎周密，不急于行事；也可能是因为固有的特殊利益集团试图通过维持现状来抓牢权力；或者是因为真正的创造力通常来自社会的其他领域，比如科学和艺术，在这些领域，现状被视为需要打破，甚至需要摒弃。其实，这三点都是同一个问题的不同方面。但这并不意味着政府不能做出改变，也不意味着现在不需要进行重大变革。

尽管国家及其官僚机构对现代化的接纳不甚积极，且普遍缺乏创造性思维，但它们却是改变治理性质和形式的主要实施者。哲学家和实施者开展对话，讨论社会契约的本质以及政府的角色和责任，这些慵懒的机构必须迈出它们迟缓的第一步，将新的想法变为现实。可以预见，大多数国家在数字化时代的进步过于缓慢了。

我们对身份、社会的性质和基本权利的性质的看法正在改变，那么我们对所依赖的机构的看法也要调整。这些机构需要在看待和衡量效率的方式、内部结构等许多方面做出改变。我们也要提出一些深刻的问题：我们还需要政府吗？政府是否还应该像以前那样根据地理位置来定义？政府服务是否应像以前一样，或者，在理想的情况下，新技术能否让公共机构和私营机构转换角色，使这些机构更好地运作？显然，是时候重新考虑如何看待政府和政府管理了。

支持一种新型的民主制度

让我们举一些简单的事例，比如互联网投票。这是再自然不过的想法了。它能让很多公民更容易地参与民主政治，提高选举的参与度，使选举真正代表公众的意愿。这种方式更加快捷，因为投票规则一致，并且实时进行。有人可能担心黑客攻击、选票不安全，那么直截了当的回应是：这完全可以在掌控之中。既然你能在网上银行开设账户，管理养老金和一生的储蓄，保存最私密的信息，处理工作上的各种事情，那么当然你可以信任网上投票。大型金融机构每天在互联网上进行数万亿美元的交易，这些交易都足够安全，足够维护全球经济的平稳运行。我们的核秘密和世界上几乎所有涉及国家安全的机密，在很大程度上是通过与互联网相连的网络进行传送的，其安全性令人满意。进一步论证我们的观点：正如我们所见，现有的收集选票制度存在着严重的缺陷——从填塞投票箱到打孔挂角票①，再到直接操纵选举结果，不一而足。

因此，也许是时候把人们从计票过程中解放出来，交给安全、透明的计算机系统处理了。

即便如此，美国民主研究院也表示：

> 实话实说，网络投票并不是一种常用的投票方式。迄今为止，14 个国家使用过多

---

① 选票有时候使用打孔的小卡片。选民用打孔器在自己想选的候选人名字旁打孔，每打出一个孔就产生一个孔屑。如果打孔器按得够重，孔屑就会完全从选票上脱落；要是按得不够重，孔屑可能会仍然挂在选票上，就会造成计票错误问题。——译者注

种形式的网络投票，目前只有其中 10 个国家表示将来打算使用它……对许多国家来说，网络投票似乎在选举中无足轻重。

有 4 个国家通过互联网进行了几轮选举，分别是加拿大、爱沙尼亚、法国和瑞士。爱沙尼亚是网络投票的开创者，美国民主研究院评论说："它是唯一向全体选民提供互联网投票方式的国家。剩下的 10 个国家要么刚刚采用这一形式，要么正在试行网络投票，要么已经试用过并且没有进一步推行，要么已经停止使用。"

考虑一下其他选择：采用由执政党控制的投票机，或在各党派选出的观察员面前手工计票，或者采用混合式制度，即在一个国家内部，由不同的机构使用不同的标准和技术组织投票。

在投票过程中不充分使用互联网，最基本的民主机制与触及民主核心的变革就会步调不一致。候选人利用社交媒体、博客和网络评论开展竞选活动，引发公众的辩论。网上直播投票，通过推特民意调查所做的预投票或其他形式，都会影响人们对谁胜谁败的看法。民间组织将获得更大的影响力，因为它们在传播其政治观点时无须太多金钱投入。当代总统竞选活动已经开始使用数据分析来识别和锁定最有可能投赞成票的选民或摇摆不定的选民，并最终节约资源。我们可以用同样的方法来评判当权的政客，引导对当今热点问题（以及引起公众关注的小问题）的公开辩论。新技术的出现改变了民主的方方面面，但最基本的一点可能没有改变：公民如何通过选择代表直接影响政府的运作。选民有了更大的权力，可以更频繁地行使权力。技术可以用来降低竞选成本，免于大笔资金用于政治目的，让政府的运作更加透明。简而言之，对于"谁治理我们"的问题，技术能帮助我们找到一个更好的答案。目前，在许多国家，当权者都是利用权力杠杆和不透明的、过时的制度来维持其对权力的控制。

与此同时，最近的美国大选和欧洲各地的选举让我们提出其他问题，以关注更新后的体制会是什么样子，比如，真正实现民主的数字化会带来新的风险吗？它是否更容易受到黑客攻击和操纵？用智能手机就能方便地投票，所有重大问题都由电子化的公民投票来决定，这是否增加了推行直接民主的可能性？这是否削弱了更为审慎的代议制民主的优势？它是否增加了选举结果更多地由情感而非由思想来决定的可能性？（思想是否会被社交媒体反复转发的消息和很多人信以为真的"假新闻"蒙蔽？）几乎可以肯定的是，这些风险正在增加，必须加以评估。我们必须抵制诱惑，不能让技术把我们引向任意的方向，那样会剥夺我们的监督、制衡和过滤机制，而历史证明这些机制非常有益。

政府不再做"中间人"

　　如果你思考一下技术变革能在多大程度上改

变治理的性质，就会发现政府在技术上的落后是多么令人震惊。恰当地利用技术可以改善和简化治理，精简职能，明确职责，更好地为民众提供服务，减少不必要的程序和隐性的花费，甚至根除腐败。技术已经淘汰了旅行社等中介行业，改变了人们购房和买车的方式。百视达等视频租赁公司也关门大吉，结束了持续时间不长的业务。同样，技术革新能简化政府官僚机构，减少民众接受基本服务时遇到的麻烦和障碍。世界的不同角落都显示出了未来的发展方向，这些实验性的措施预示着更美好的未来。

在日常生活中，你可能熟悉电子政务带来的其他便利，比如在网上支付交通罚款或市政费用，或者无须直接与官僚机构打交道就能了解社保信息。新加坡建立了一个叫作"电子公民"的门户网站，提供各种政府服务，民众可以在线申请带薪产假、护照，支付账单，查阅所有政府机构的目录，等等。网站也旨在收集民众的意见反馈。韩国电子政务发达，2014 年第三次荣登世界电子政务排行榜首位。其先进的电信技术使政府能够开发强大的、在线的、移动的公共接口，例如"家庭税务服务"可以提供全天候在线服务，为民众办理纳税及评估相关事宜。像许多其他国家一样，印度通过其国家电子政务计划，开始准备提供更广泛的此类服务。

2014 年，联合国对各国在电子政务创新方面的成绩做了排名。大多数名次靠前的国家都来自发达国家和地区。韩国位居榜首，其次是澳大利亚、新加坡、法国和荷兰。美国排名第七，英国排名第八，爱沙尼亚排名第十五，中国没有挤进前二十五名。基础设施落后的国家被甩在了后面，但已经有了进步的迹象。在非洲，电子政务发展相对缓慢且不均衡，其中，突尼斯、毛里求斯、埃及、塞舌尔、摩洛哥和南非这 6 个国家，评分高于平均水平。

这一切听起来都不是革命性的变化；门户网

站在互联网上已经过时，电子商务也早已平淡无奇。但实际上，每一个受信息革命影响的部门都看到了一个强有力的、变革性的转变趋势。因此，政府即将发生的变革很可能是意义深远的。

以今天的大型官僚机构为例。它们的运行成本高得令人难以置信，因此需要采取措施，去除其"中间人"的角色。需要淘汰的也不仅仅是机动车管理局的收款员，政府还需要大量的使馆工作人员吗？因为信息的传递不再只是通过人来完成，甚至实际上经常完全绕开外交官（毕竟，从根本上来说，外交官就是使用传统交流方式的中间人）。政府以前收集过关于国家经济的最佳数据。在大数据时代，这一功能可以通过机器和算法来完成，不再需要经济学家聚集研讨了。

简而言之，政府准备改变它与民众互动的方式，而且它也必须如此。这就引出了一个关键问题：谁应当负责实施这一变革？新的衡量指标会改变政府的优先事项吗？

一种帮助穷人的新方法：给他们钱！

有些问题超越了国界，而不仅仅局限于某个国家。例如富国帮助穷国的方式（如各种发展项目）会发生变化吗？可能要重新评估国家的财富如何分配给那些需要帮助的人，同时精简官僚机构，让整个过程更加透明，大大降低成本。世界上有一个庞大的促进发展的官僚机构，负责指导资金的流动和实施帮助穷人的项目。尽管该机构的意图是好的，但代价高昂，而且在关键的时候，不如简单直接的方法奏效。罗莎·布鲁克斯在《外交政策》（*Foreign Policy*）上发表了一篇文章指出，现在还有更好的方法：

> 最近的一项研究调查了肯尼亚贫穷的农村家庭。这些家庭被随机选择，接受来自美国的非政府组织"直接给予"的无条件现金资助。（受助人得到的现金数额不等，从相当于至少两个月家庭平均消费支出的数目到

大约三倍于此的金额。）研究发现，在两年之内，接受无条件现金资助的家庭提高了消费和储蓄的比重（主要购买耐用消费品和投资于自营活动），增加的食品支出接近非耐用消费品支出的总额，卫生和教育支出则超过了这个比例，烟酒支出没有增加。

不出所料，接受现金资助的人心理健康的比例更高，而且测试表明，他们的应激激素水平较低。

从乌干达到南非的类似项目也显示出同样可喜的结果。想想吧，更多的获益，更少的中介。这一变化也意味着腐败的减少，以前地方政府的官僚机构经常吸走大量的援助资金，现在的做法就可能将它们排除在外。

这个做法同样适用于美国政府项目。事实上，这些项目隐藏着更具颠覆性的观点。例如，麻省理工学院的两位经济学家安德鲁·麦卡菲和埃里克·布林约尔松提出，在未来生产力高度发达且由机器辅助的经济中，可供人做的事情会越来越少。如果工作减少了，那么每周的工作时间就有可能缩短（就像过去一个世纪里人们的工作时间从 7 天缩短到 5 天一样）。这样问题就变成了那些工作较少的人如何才能挣到足够的钱来生存。公司的盈利不会变，或许还能赚到更多的钱。换句话说，那些拥有技术和资本的人将获得越来越多的权力和财富，而那些之前一直依赖于为别人的企业打工的人能做的工作会越来越少，也就赚得越来越少。尽管经济持续增长，企业利润持续增加，但就业增长乏力，工资水平停滞不前，我们已经在美国和中国等其他大型经济体中看到了这种迹象。（在美国，彻底失去工作岗位的人数量大幅增加，反映并加剧了这种迹象，而所谓相对较低的失业人数令人生疑。）曾经，经济的整体增长可以为工人创造新的、不断增加的、更好的工作机会，现在这种传统的关系已经被打破。

结果就是，富人变得更加富有，而其他人越来越望尘莫及。很难想象，如果不采取新的措施，我们今天看到的严重不平等（近期经济复苏带来的90%的收益都被最富有的10%的人占有）可能会变得更糟。这与饱受西方质疑的社会主义之父卡尔·马克思的预言相差无几。我们不能因为这是马克思的观点就认为它不正确。

应对这个问题的方式可能是新的税收再分配机制和社会规划，这也与马克思的观点一致，因此也一定会在西方社会引发强烈的抵制。当然，这样的规划受到非难，是因其效率低且不公平。然而，如果新技术能让我们缩减官僚机构，建立透明的、由算法驱动的体系，重新分配税收收入，不是从公司到政府再到民众，而是依靠机器驱动的实时征税机制直接分配给最终用户，结果会怎么样呢？如果该算法能基于与纳税人和受益人表现相关的多个变量来改变支付方式，结果会怎样呢？如果无处不在的传感器可以让小额增量税和使用费的收取更公平、更透明、更进步，那么新的创收手段也会随之出现。例如，俄勒冈州已经开展实验，通过追踪 GPS（全球定位系统）信号收取高速公路使用费，GPS 信号能显示谁在高速公路上行驶，谁没有使用高速公路。在未来的大数据世界里，有了无处不在的传感系统，就更容易制定精细的税收政策，以新的方式收税。比如，向违规时间长或程度严重的环境污染者收取更高的费用；基于一年内或每周经济环境的变化导致的增量波动，建立梯度税费；更高效地管理州政府对贫困人口的拨款。

和死亡一样，税收是生命中无法避免的。但毫无疑问，将来评估、征收和分配税收的方式会发生天翻地覆的变化。

大公司当道

正如我们所看到的，在生产率高的经济体

中，最大的赢家是那些大公司。

我写的《权力组织》一书探究了为什么世界上最大的 1 000 家公司比世界上一半以上的国家拥有更多的经济资源和更大的全球影响力，以及这种状况是如何演变的。原因之一是，大型跨国公司比政治实体更能适应变化。就像《格列佛游记》中的格列佛在小人国一样，政府被束缚在脚下的土地上。而借用作家汤姆·弗里德曼（Tom Friedman）的话来说，大型公司自由地在国家上空飘荡。正如我们前面讨论过的，技术使社群能够摆脱破碎的政治体制。政府受到了束缚，而影响政府的所有因素，从经济的运行模式到民众的互动方式，都在发生变化。因此，大型跨国公司已经发展到这样一种程度：规模最大的公司比绝大多数政府更强大，拥有更多的国际资源和影响力。技术革新赋予企业更大的权力，这种差距会越来越悬殊，很多政府会加以抵制或被远远甩在后面。

我们不禁要问：在未来的世界，真正的权力在哪里？民族国家占主导地位的时代要结束了吗？什么将取代它？让一些只为谋取利润却没有任何社会使命感、责任感的实体凌驾于被创造出来的国家机构之上（至少在理论上），来维护整个社会的利益，这符合世界人民的利益吗？（希望不会如此。）

错误的领导，错误的问题

假如当权者能够理解正在发生的变革，并且有眼光和知识来描述他们需要提出的问题，那么回答上述问题就会容易得多。但大多数情况下，他们做不到。

在某种程度上，这是因为很少有国家选举或任命计算机领域的科学家、技术专家或在这些领域接受过训练的人担任高层职务。而这些人真正明白，还有重要问题需要回答。

以美国国会为例，它是世界上最强大国家

的最高立法机构。就业政策研究所 2011 年的一项研究显示，只有 12% 的国会议员有科学或技术背景。我认识不少科技公司的高管，他们跟国会有定期的联系。他们就说，国会中仅有为数不多的议员真正理解大数据、网络和其他技术革命的含义。

确实，经常会有一小部分被认为是天才的人（比如科学技术政策办公室或最近在白宫成立的首席技术官办公室里的一些人）发表观点，证明政府掌握最新的科技动态。但这些部门只会处理几个有限的问题，既没有资源，也没有政治背景，更不愿意与政府任何一个部门合作，来提出每一个企业和大多数家庭都经常问的问题：有了新技术，我们如何做才能与以前不同，或者做得更好？

说到下一代的科学发展，如神经科学和生物技术领域，会给我们提出一系列关键问题：如何处理心理健康、犯罪、预期寿命延长、生物伦理和医疗费用等。精通技术的立法者人数甚至更少，"在很多情况下，甚至没有一个人懂行"。2014 年初，美国某著名公共卫生学院的一位教授对我说。毕竟，政府的基本职责是处理公共安全和公共健康等问题。我们已经看到，如果我们不能准确理解或预测变革将会面对怎样的后果。

以美国为例，其退休医疗体系是建立在 20 世纪 20 年代的预期寿命基础上的，而且未考虑成本结构（特别是在我们生命的最后几个月，使用现代技术来延长生命的高额费用），结果导致体系崩溃，在医疗服务的很多方面都是发达国家中最糟糕的。如果政府拥有一定的医学知识和相应的远见，美国本可以避免今天面临的糟糕局面。生物科学能改进治疗方法，进一步延长生命，大数据将深刻地改变我们监测病人和提供护理的方式。我们可以采取的降低医疗成本的最重要步骤是确保老年人按时服药。在过去，这是不可能的；但今天，有了传感器，就能通过远程方式实现。此外，如果神经科学可以让我们诊断和治疗那些可能导致犯罪或心理健康的行为（这几乎肯定会发生），那会怎样？如果我们的立法者和行政部门官员在这些问题上还保持原有的认知水平，那么我们的法律法规和治疗方案就会过时。其实，很多都已经过时了。

为了证实这一令人难以接受的观点，我们只看一个例子。大约在撰写本书的时候，美国众议院科学空间和技术委员会主席拉马尔·史密斯在2016年花了大部分时间来质疑美国国家海洋和大气管理局关于气候变化的研究，声称相关人员以某种方式篡改了研究结果，以证实全球变暖。这是简单的推理和对科学的蔑视，就像那些质疑伽利略的审判官一样，甚至还远没有他们那般周密和严肃。当时共和党总统候选人唐纳德·特朗普在竞选活动中也表达了同样的观点，认为气候变化可能是一场骗局。尽管这种观点荒谬、危险，而且显然是错误的，但还是非常受欢迎，以至特朗普当选总统后，组建了一个环境问题研究团队，继续秉承他荒谬的环境观，这将给环境带来更大的灾难。

除了缺乏深度，华盛顿政客们的想法也缺乏广度。我写《国家不安全》(*National Insecurity*)一书时做了大量研究。我一直关注 10 年间华盛顿最著名的十大智库。在那段时间里，这些组织主导的社会活动和发表的论文、研究报告加起来有 12 000 多篇（次），主要集中在少数几个主题上，比如中东、反恐战争和中国，这些都与当时的头条新闻密切相关。其他值得重视但不时髦的问题，就很少得到关注。到目前为止，报道最少的问题是什么？是科学和技术。毕竟，是科学和技术带来了重塑我们生活方式的变革和人类正在应对的许多新威胁。而且当前的制度阻碍了创新者提出与传统观念相悖的新想法，因为创新产生的争议会让真正的思想者难以在政府获得高位，这就让问题变得更加严峻。

在华盛顿哥伦比亚特区和世界上许多国家的首都，你都会看到在一个不鼓励创新的体制中，错误的人在错误的时间处理错误的问题。

变革会涉及政府吗？当然会。但是，正如我们过去所看到的，当政府未能预见社会动荡或未对社会动荡做出反应时，随之而来的变化是破坏性的，而且往往代价高昂。想想启蒙运动（从美洲到法国）、1848 年欧洲革命、工业革命的兴起（以及在其影响下产生的共产主义），我们能避免这样的动荡吗？一些国家会抵制这种不可避免的变革吗，比如反对新技术的独裁政体或神权政体？对这些国家来说，问题不在于它们是否会被淘汰，而在于用什么来取代它们，以及何时取代。如果政府官员自己不想也没有能力领导这些变革，那么由谁来领导？

如果实施得当，这些变革将会大大提高效率，节省资源，达到预期效果，但它们也可能带来新的不平等，或让技术精英及其他领域的精英拥有危险的权力。新一代的变革者即将出现吗？我们是否看到由科技推动的"阿拉伯之春"快闪抗议活动的萌芽？或许，变革者正在以更加不易察觉的方式推动变化。他们工作在硅谷这样的地方，首先通过改变我们与他人和与自己的关系，改变工作、金钱、教育、健康、战争与和平的关系来重塑社会，然后促使政府官员意识到他们已是旧时代的遗迹，他们将会在不可阻挡的社会进步中逐渐失去权力和特权。

第五章

什么是金钱？
重构的经济学、工作和市场

《侏罗纪世界》是 2015 年最轰动的电影之一。虽然银屏上的恐龙栩栩如生，但它们却不是最让人害怕的。最让人害怕的是我们身边那些因无法适应变化、无法提出正确问题而造成严重后果的人。我们相信，政治家大抵属于这一类人，智库中的那些如旅鼠般盲目从众的人也属此类。此外，还有一个群体有着类似的骇人特征，我们称之为"经济学家"。

"经济学家"这个词可能会让人想到一群态度温和、戴着眼镜的人，他们滔滔不绝地讲述晦涩难懂的理论。或者是一帮政府大员，在国会议员面前演说，言辞含糊，让人不明其意。但我们更清楚他们的身份。这些人都手握大权，工作不为外人知晓，成天与数据和策略打交道，这些数据很少有人明白，更没有几个人相信。而他们常常做出重大决策，影响数十亿人的生活。

经济学一直被认为是"沉闷的科学"（托马斯·克莱尔在研究奴隶制时创造了"沉闷的科学"这个标签）。托马斯·马尔萨斯是一位牧师，同时也撰写经济学著作。他阐释了经济学"沉闷"的原因，是此观点的代表人物。18世纪末期，马尔萨斯推断，人口增长最终会让人类社会自我完善的努力付之东流。他写道："地球为人类提供生存资源的能力远远落后于人口增长的速度。"这的确是非常可怕的预测，但其凸显了经济学被认为沉闷的另一个原因——它的预测真的很离谱。

出错一直都是经济学家逃脱不了的怪圈。你可能认为在所谓的科学领域不会出现这种情况。当然，所有的科学在早期都处于痛苦的挣扎状态，直到科学家收集到足够的数据，来支持可以反映并预测自然界规律的种种理论。从伽利略到爱因斯坦，科学家们提出了伟大的理论，但由于时代的局限性，他们只能在对现实的巨大误解中艰难探索。而在经济学领域，我们还未完全步入伽利略时代。这就像我们身处中世纪的某一时期，基于对宇宙的观察以及对其范围和性质的片面了解，提出了原始科学，也就是今天所说的伪科学。比如，人们一直认为地球是太阳系的中心，出血的病人排出所谓的有害体液即可痊愈。

现代经济策略、理论以及技术等领域的决策者们为之烦恼、报纸大肆报道的话题，有一天也将会被认为是伪科学。比如，经济决策者会定期对国内和国际经济做出大致的判断，评估一个社会的经济状况（之后再决定是通过减少资金供给来消耗国家储备，还是通过向其系统投放新增资金来使经济回暖），通常是在一些存在严重缺陷和错误的数据及模型的基础上进行综合研判。

综上，我们已经提及了最常用、最常讨论的经济政策手段，这些都是宏观经济学中大而无当的手段。（我记得在政府工作的时候，我们当中有些人是处理贸易政策或商业问题的，但政府要员都认为这些人在经济领域无足轻重。大人物处尊居显，在各大金融中心发表高见。在他们眼中，我们和其他人做的事情都是雕虫小技。）

想想这些重大决策所依靠的数据。按照当今的计算方法，GDP（国内生产总值）与经济规模的关系大致就像能在针尖上跳舞的天使的数量与天堂大小的关系。它忽略了大量的经济活动，同时将众多事物误判为价值创造。即使在 20 世纪30 年代首次提出 GDP 概念的西蒙·库兹涅茨也警告说，不要用它作为衡量国民经济状况的主要指标。像衡量国家财政结余和赤字的这种贸易数据就忽略了大部分的服务贸易和互联网交易以及其他领域的贸易活动，数据统计常常不够准确。像失业率这种劳动力数据，都是篡改过的，具有欺骗性。这样的例子不胜枚举。现实是，对于决策者下结论时所依据的数据，有两点是确定无疑的：一是过时的，二是错误的。

社会进步促进会的迈克尔·格林的目光早已超越了这些衡量国家成败的显性经济指标，他认为它们是不充分的。格林指出："强劲的经济增长并不能自动转换成人民的福祉。"他提出的社会进步指数（Social Progress Index）是一种基于社会和环境标准的指数，能够更全面地评估国家福利，让决策者更加深刻地了解如何才能提高公民的生活质量。

今天，由于大数据的出现以及越来越强大的计算能力，世界迎来了一个新时代。数据流能从社群、街道、家庭、公司等各个维度任意选取，实时显示经济波动，并且细致到令人难以置信的程度。有了这些方法和新的数据来源，未来世界会呈现出超越人们想象的关联性。

基于地理信息监测国家经济表现的这类旧观点将被新观念取代。比如监测特定的人群，他们之间的联系比跟自己的同胞更为紧密。有一个叫"你国"的地方，那里数百万人的行为举止更像你，对外界刺激的反应更像你，经历的人生起伏也更像你，这种相似性远远超过你和你的邻居之间的共同之处。下一代经济学家如果使用这样的方法，就能更有针对性地进行预测，更加有效地解决问题。

因此，我们问过了"哲学家在哪里"，接下来可能会问：谁将成为新经济学家？他们会研究些什么？他们的研究与前辈有何区别？

然而，当下的经济模式依靠的是数量相对较少的变量，而未来的经济模式涉及的变量将是无限的，为新途径、新理论和新方法创造条件。这些新模式和新方法需要的不是微观经济学家，而是"纳米经济学家"，他们主要研究更小的经济单位和更宏观的经济之间的关系。因此，经济政策将由中央政府下放至各州及地方政府来制定，因为它们更了解工人、企业、投资人和居民的需求以及应对措施，而且它们可以更好地与私人部门合作，以解决这些问题。

随着实时数据越来越多，新经济理论也会随之出现。用不了多久，现金就会由基于比特的移动支付系统替代，让传统的货币政策失去用武之地。我们的孙子孙女手中不再有现金，也无须再去银行。细想一下，可能现在你也没怎么去过银行。而当像我这样的老一辈用低哑的声音给孙辈们讲述现金提款机出现之前的时代（"爷爷，现金是什么？"），如果我们没有在星期五下午 3 点之前到银行（"爷爷，银行是什么？"），周末就身无分文了（"爷爷，周末是什么？"），毫无疑问，他们会咪咪窃笑，不明就里。

掌上银行

最早体验金融转型是在一些意料之外的地方。许多新兴的经济体全力开辟移动支付的新途径，因为 25 亿成年人中的大多数没有正式的银行账户，这个数量是全世界成年人口的一半。接触不了金融机构会严重阻碍发展。通常，世界上最穷的人群不得不长途跋涉去银行兑换支票（甚至包括他们急需的政府补助支票），他们还无法贷款（即使小额贷款项目多次显示，就还贷而言，这类人群是最可靠的贷款人之一），而且他们不能在自己的社区之外汇款和收钱。

解决办法已经出现，并正在全球掀起波澜。在肯尼亚和坦桑尼亚，数百万人把手机当作银行。这些项目的成功表明，随着越来越多的人完全转向虚拟银行，世界上数亿人很有可能在生活中见不到实体银行。

这是完全可以实现的，因为即便是在非洲最落后的一些经济体，移动数据流量年增长率也超过了 100％。大型电信公司（未来的银行？）认为这是填补这些市场中金融服务空缺的机会。沃达丰推出了一个叫作 M-Pesa 的平台，2007 年在肯尼亚和坦桑尼亚上线。在这两个国家推行之后，该技术得到了快速扩展。用户现在都是通过手机，用 M-Pesa 平台进行汇款、收款和贷款，其在非洲、亚洲和东欧都有业务，今后规模还会进一步扩大。因此，移动支付进展顺利，已经在实践中得到检验。杰森·科恩在思科公司的博客"互联生活交流"引用了该平台项目经理雷内·梅萨的一段话："非洲的银行业基础设施没有西方那么发达，另外，许多客户不能满足银行业务的最低要求。这就需要用一种新型的交易模式来替代。非洲移动服务便利，移动电话比较普及，还出现了各种新技术，产生了可以提供汇款服务的基础设施，我们最常用的就是 M-Pesa。"

这个正在快速发展的体系有很多优势。由于人们的现金交易减少了，遇到抢劫等犯罪行为的风险也就降低了。人们向政府支付社会服务费变得更容易，也方便政府给居民发放福利。秘鲁中央银行行长告诉过我，给住在高高的安第斯山上的居民发放福利所花的邮资比寄送的支票价值还要高。而且，提供支票兑换服务的商店老板了解接收支票的时间，他们会在最有可能兑换支票的那几天涨价。新办法不仅节约了成本，还防止了敲竹杠。那位行长还说："这样消除了利用旧制度给穷人人为增加的负担。"该体系不仅能让人们更加方便地交易，还能对自己的财务状况有更清晰的认识。

一位世界银行高级官员告诉我："我们期望这会成为继手机之后，下一个跨越式发展的主要领域。没有有线电话的社群能更快地接受无线电话，因为没有其他选择，也就没有了障碍。移动支付同样如此。事实上，在这个领域，新兴经济体完全有可能走在发达经济体前面，我对此并不感到惊讶。未来的世界虚拟银行大行其道，去实体金融机构的时间会越来越少。"

　　事实上，这种发展非常迅猛，以至我们已经习惯的商业模式不再界限分明，而且正以意想不到的方式发生变化。我和排名世界前列的物流航运公司国际部的总裁交流时，他向我解释说，他们通过复杂的数字化驱动服务，覆盖了整个供给链，从产品制造到最终销售，他们没有理由不把自己打造成银行，来为客户提供金融服务。这已经不是一个全新的概念了。汽车公司和大型设备供应商在很多年前就已经提供了租赁和金融服务。如今的新意是，一些懂得利用忠实客户群的公司能够更加容易地整合这些服务。通过这种创新，人们对于货币、金融以及相关机构的固有看法可能会发生彻底改变。在这个新的世界，银行是无形的，就掌握在你的手中，每一个企业就是一个金融机构。这个世界没有货币，因此也就没有中央银行，不过那些制定推动市场和汇率的算法的人就拥有了过多的权力。这会持续产生隐形的微交易，为新一代的创新者带来巨额财富。因此，这个世界中，犯罪的性质和形式也许会发生改变，我们的安全观也会随之变化。所以未来也需要新的法律法规，我们需要对当前问题有所了解的新的立法者。这些问题将在未来的几十年里更加快速地显现出来。

想想步入大数据时代的那些大公司，比如通用电气。该企业制造喷气式发动机、发电设备、核磁共振机等，它们全部都装有传感器，可以提供关于机器性能、所处位置以及使用情况的实时数据，因此，也就能提供重要产业以及全球经济中关键领域的数据。这些数据是可以货币化的：不仅能将其卖给通用电气的老客户，还能卖给那些想用数据管理企业、助力自身经营模式、监测全球经济活动的人。由于这些数据对企业和股东都有实际价值，所以是一项重要资产。但这些数据并没有出现在通用电气和其他很多企业的资产负债表中。同样地，数据的生产者和管理者遇到的与风险相关联的数据负债也未体现在资产负债表中（例如，数据负债可以包括一个公司由于数据泄露而遭受的潜在损失）。这是一个很大的不足。在大数据时代，几乎每个公司都拥有大数据资产。这就意味着，在会计和经理学会如何有效地量化和交流数据资产之前，每个企业的资产都会被低估或者高估。

网络保护主义 vs 互联网国际主义

世界知识重心会随着经济重心的转移而转移，曾经从欧洲转移到美国，而现在正穿越太平洋从美国转移到亚洲。这意味着下一代有创造力的领导者极有可能是亚洲人，进而意味着一些将被接受的理念很有可能受到亚洲价值观的影响。正在崛起的亚洲国家（如中国）与世界上其他新兴国家之间的共同点，要比跟占美国总人数 4% 的亚裔人口拥有的共同点还要多。我们从一场关于互联网经济是开放的还是封闭的重要辩论中已经看出，这种转变已成定局。

当前，有些国家认为互联网应该是开放的，而另一些国家则认为互联网应该是封闭的，二者之间存在着激烈的意识形态斗争。谁取得这场斗争的胜利，谁就将决定 21 世纪世界财富和权利的分配。因为互联网将会成为未来几十年全球经济活动的主要机制，这一点已经越来越清楚。而且，关于互联网开放性的谈判无疑会取代商品贸易谈判，成为全球经济外交活动的中心问题。

美国人一直期望，互联网的规则与西方创造者对互联网的构想一致。美国企业和政治领导人推动的一种观念，归根到底就是网络国际主义，意思是让网络超越国界，促进各个国家的开放。然而，中国人提出了另一种观点，认为国家应加强对互联网的监管，包括设立"防火墙"，屏蔽不适当的网站和在线交流，以及其他形式的审查和监管。

中国的观点并非孤掌难鸣。新加坡、印度、

沙特阿拉伯、俄罗斯、委内瑞拉以及巴西都支持对互联网和互联网商业实施严格的管理。显而易见，网络保护主义运动开始在全球蔓延。在过去两年，至少有 22 个国家采取新措施，加强了对互联网的管理。这一形势将对 21 世纪经济格局产生关键影响，它决定了基于互联网的服务与资金在世界上流动的难易程度，也决定了这种未来的商业模式是否富有挑战性。这就需要制定新的规则，新的国际制度与协议会应运而生。

正如我们所说，如果新时代经济的核心问题是"谁拥有这些数据"，那么决定数据所有权的机制就会变得非常重要。在欧洲各国看来，公民必须选择与获取他们数据的企业建立某种联系（也就是说，同意企业获取他们的数据），才会默认保护公民对其数据的权利。而美国的观点是公民与企业脱钩，使得企业可以轻松地从已获取的私人数据中获利。而这场拉锯战如何进行，将是决定 21 世纪经济赢家和输家的另一个重要因素。

如何监管全球互联网、网络空间的金融交易，如何监管由于电子货币转型而日益全球化的货币政策，以及我们在这个对人类劳动有新认识的世界中如何管理和重视劳动，这些问题在新时代的轮廓清晰之前，都需要得到解决和回答。

正在被改造的经济学

经济学家提出的问题以及他们解决问题的方式对我们如何判断领导人和社会的进步有很大影响。我们马上就会迎来巨大的飞跃，但在飞跃之后，新的问题就会出现。正如我们所知，现金正在消失，这会让政府和政策发生哪些变化呢？在国家间联系日益紧密的背景下，政府决策人的当务之急是什么？在新体系中哪些人会得到更多的好处？我们能否想出既创造机会又确保公平的新方法？实时信息的传播是否会让我们反应过度、不够理性？我们能否更准确地预测未来的经济前景？那些信息的使用是为了大多数人还是个别人？

再强调一下，如果这些问题没有提出来，如果我们的经济学家不熟悉经济转型的内在动因，如果我们的政治领导人对此没有新见解，如果真正了解新变化的商业创新者不是公共部门的重要合作伙伴（或者在很多情况下，他们不信任任何公共部门，更不希望被打扰），那么我们就无法找出答案，就会造成知识上的差距，导致眼界的局限性。最终，你会听到过时的体系与冰冷残酷的现实迎头碰撞的破碎声。那是本来可以而且应该预测到的现实。

的确，未来的经济学与今天的经济学一定大不相同，我们似乎可以用好莱坞的手法（比如，一只保存在琥珀里的蚊子携带着前美联储主席艾伦·格林斯潘的血液，血液中的 DNA 可以重新创造这个大人物），让子孙后代充分了解先人所受的制约和过去引导人们日常生活的经济思想和方法。更重要的是，一个时代结束之际，我们必须意识到另一个时代正在来临。历史上各个时代的更替已经表明，只有不断演进才能够生存下来，演进的开端就是认识到正在发生的变化。但重点是要先明白我们如何改变，然后才能有效地实施变革。对于企业、政府、经济学家、投资人以及对每一个为了生存而劳动的人来说，我们必须认识到，很多理所当然的事情很快就会变得无足轻重，比如工作、金钱、经济理论、政府与经济的互动方式、社会如何发展、社会如何关照民众等等。对变革理解不正确，或者少数人利用这些变革损害了他人的利益，都会导致动荡和危机。历史上每次重大的转折都会出现这些情况。正确的变革意味着人们将会过上更轻松、更安全、更幸福的生活。

第六章

什么是战争、和平？
重构的权力、冲突和社会稳定

一直以来，战争与和平在人类的认知里对比鲜明。战争，充满血腥与暴力，留给社会满目疮痍；和平，带来的是一段时间内的平静与安全。今天，新科技迎来了新的时代，也面临着新的冲突。这是一场战争，表面风平浪静，实则暗潮汹涌，社会上大多数人并未觉察。这样的冲突可以称为"凉战"，消耗不多，因为是隐形的并且可以否认其存在，一些大国永远无法停止此类战争。因此，我们要以开放的心态，应对诸如战争与和平等这样看起来持久存在的根本性问题，基于这些问题来挑战和审视新时代的每一项新发展。这呼应了历史上的很多重要转折点，如文艺复兴等。在 14 世纪，人们很难想到以封建制度、骑士、骏马为标志的骑士文化会走到尽头。然而，1477 年南锡战役中，手握长矛的步兵成为新的潮流，具有巨大的杀伤力，把旧式的骑士作战方式推向了灭亡。与此同时，新兴的国家正在创建专业化的军队，供给成本更低，更容易装备新技术。

正如我们所讨论过的，在当今时代，变革的速度更加迅猛。我们已经看到现代版南锡战役的迹象，网络战争、无人操作的智能武器（如无人机）主导的战争开始出现，将来还会有其他作战形式。这些变化显示出新时代的前景，战争将会连绵不断，战争与和平的界限将变得模糊，甚至不复存在。在网络战争的时代，国家之间不再是兵戎相见、你死我活，而是削弱对方的机构，损伤或者阻碍敌人。这种战争是无形的，但可能加剧国家之间的紧张关系。这种无形本身具有危险的欺骗性，即便它看似回避了冲突，消除了战争的必然性，也有可能引发更多传统的对抗。

权力形势的变化

在这个新时代，互联网在网络战争中的作用不仅体现在传送信息上，对于战争的其他各个方面也都至关重要。从收集情报，到雇用"水军"进行大规模宣传来影响大选结果或把舆论焦点引向战争损失，互联网都起到不可或缺的作用。与此同时，互联网将是一个终极的攻击目标，如果切断网络，经济上或者政治上的敌人就会陷入瘫痪，乃至被彻底击垮。因此，互联网的形势表现为基础设施、规章制度、资源与功能的优化等，它变得跟传统战争中的地形地貌一样关键。在政治、安全、商业等领域，理解这种形势和新的权力规则显得极其重要。了解影响网络速度、易用性和安全性的要素的运作机制也同样重要。

从历史上来看，谁控制了海洋，谁就拥有了权力，正如英国当年夺得海上霸权而成为世界霸主，或者像现代战争中拥有制空权就具备巨大的优势。而在这个新时代，谁最了解网络与网络战，拥有掌控这一新形势的最大资源，权力就会落到谁的手中。然而，最依赖网络的国家（通常是发达国家）也会因为这种过度的依赖而更易于遭受攻击。

我们可以把这种现象称为"互联网悖论"，接入网络既能增强权力，同时又带来新的危险。这个悖论可以推导出一个新的悖论，即"互联网权力悖论"。互联网赋予所有网络用户权力，并使权力在他们之间不断转换，无论是位于网络边缘（传统权力分配等级的最底端）还是在传统权力等级的中心或者顶端，网络都会给他们创造出比以往任何时候都强的独立性和实力。在这样一个相互联系的世界里，影响力的流动朝向各个方向。对我们所有人来说，机遇和威胁无处不在。对权力的争夺是一切冲突的根源。权力的分布将更加广泛，也带来更大的危险。

有一个例子有说服力地显示新科技战争的微妙之处。2009 年，伊朗绿色革命高潮之际，美国前国务卿康多莉扎·赖斯的政策顾问杰瑞德·科恩表态支持一场在社交媒体上发起的激进运动。这场运动支持改革派的政见，反抗德黑兰政府。反对者对选举结果提出质疑，认为政府试图孤立他们，科恩设计帮助德黑兰抗议者与国际媒体保持联络。借助在推特的人脉，科恩要求推特延缓既定的网站升级计划，以保证抗议者能正常登录。推特照做了。科恩差一点因这次违规而丢掉工作，多亏国务卿希拉里·克林顿站出来为他辩护。（不过，推特很快就成为那些想影响舆论、左右政治运动走向的人广泛使用的工具。）

科恩当年就离开了国务院，先后在外交关系

协会和新成立的谷歌智库任职。他在《外交事务》杂志上发表了一篇文章，后来跟美国前副国务卿威廉·伯恩斯在《外交政策》上又合作发表了一篇文章。在文章中，科恩提出了几项战略性意见，建议各国政府揭露"伊斯兰国"的网上阴谋，阻止这些诡计在军事组织中的扩散传播，并且提出应把发展数字外交作为美国及其他政府的战略性任务。世界各国政府可以采取一系列措施，如有针对性的反宣传运动，与反欺凌运动类似。同时，他呼吁加强相关软件的研究，以识别和清除网络恐怖主义的鼓吹者，并授予执法部门和在线论坛主持人使用此类软件的权力。这些提议聚焦了互联网上有关安全与自由的敏感话题，展示了互联网用户和政府是如何就电子反恐等问题开展合作的。

鉴于权力形势的变化，前面的例子表明，大公司也可凭借其非凡的影响力赢得权力。试想那些大公司，有的拥有数十亿用户，有的能够控制信息、垄断核心技术，有的虽然未完全垄断，但拥有的资源或全球影响力超过大多数国家。谁能影响更多的人，是英国这样的大国，还是像脸书这样的大公司？也就是说，曾经拥有海上霸权的国家和控制信息传播和思想交流的公司相比，谁的影响力更大呢？当经济价值的基本组成单位是比特和字节，而不是肥沃的土地或装满黄金的金库时，谁有能力使数据货币化，建立联系，获取情报，或创造出新的价值形式，谁就能赢取资源，增强实力。事实上，赢家更有可能通过各种方式获得虚拟空间里的优势。（2016 年，我经营的媒体公司表彰了谷歌母公司 Alphabet 执行董事长埃里克·施密特，并授予谷歌"年度外交官"的荣誉称号，以赞扬谷歌在塑造全球格局中发挥的巨大影响。因为我们已经认识到，科技公司在国际关系中发挥着远大于绝大多数传统国家的重要作用。）

　　我们还看到，像恐怖主义网络组织或个人黑

客这种小团体，也能掌握曾经只有国家才拥有的权力。他们可以扰乱甚至击垮经济，组建军队，窃取巨额资金或者发动大规模的、有效的宣传战。

权力的归属正在发生变化，权力的性质以及使用方式也在改变。当哈佛大学的约瑟夫·奈在 1990 年撰写他的名著《软实力》(Soft Power)时，我们所知的互联网还没有问世。当时的手机有砖头那么大，信息技术也只有少数人使用。短短 25 年间发生的变化重新定义了软实力。它不再只是大棒和经济胡萝卜的替代品。大棒加胡萝卜是地缘政治实践中的一个辅助概念。软实力已成为赢得权力的主要机制、动员群众和发动非对称战争的主要手段，也成了信仰体系的塑造者。大数据和人工智能出现后，我们可以轻松地想象出一个世界，在这个世界里，一个掌握最佳算法的人能够击败拥有最强大军队的人。我的同事罗莎·布鲁克斯撰写了一本优秀的著作《战争无处不在》，书名完美地概括了这个世界的特征。

需要再次说明的是，理解政府内部、政府与私营部门之间的权力变化和这些变化带来的启示是非常重要的。这需要我们重新思考如何选拔人才担任政府要职，如何建立联盟，如何评价对手。当然，我们在做出任何决定之前，都应了解正在发生的事情的深刻本质。

远程作战

21 世纪将是网络战争的时代。因此，自动化战争会越来越多，装备精良的军队通过各种神秘的方式大大增强了战斗力。听起来像天方夜谭？然而这已经成为目前许多军方精英关注的焦点。例如最近，美国参谋长联席会议的一位前副主席就向我讲述了他在哈佛参与的一个项目，这个项目关注无人机战斗群的决策理论问题。具体来讲，该项目研究如何派遣大批相互联网的自动或半自动无人机执行重要任务。机群可以互相通信，以重新评估战况，在有无人机被击中或出现故障时重新分配战斗任务。整个过程高度自动化，参与其中的人员越来越少。

试想，科技超级大国部署成群的智能无人机、智能机器或利用机器人发动网络攻击，无须派一个人去战场，一切皆是远程操控，对方的防御性常规武器和地面部队毫无用武之地。这样一来，他们几乎不冒任何风险，就能轻易摧毁没有高科技的贫穷国家。那么，我们必须提出一些问题：怎样才能阻止互联网上的参与者不断使用这些数字的和物理的破坏工具？这种情况会失控到什么程度？采取什么措施才能减少高科技导致的消极后果？

新的现实是，威胁以比过去更快的速度，从网络的各个领域向我们逼近。很显然，谁拥有更多资源，谁就拥有更大的支配权，而那些处于边缘的势力将拥有更大的破坏力量。网络可以使权力迅速地从一个节点转移到另一个节点。网络使用者通过协作增强实力，组成临时联盟。

在 1998 年的一篇文章中，我谈到了新时代的矛盾现象：

> 技术革命……打破了等级制度，并创建出新的权力结构。它增强了分析能力，缩短了反应时间……可以成为增强情感或理性的工具。……它使美国在军事上如此强大，以至无人敢以美国得心应手的作战方式与之开战，同时也使对手能够在实力悬殊的冲突中找到新的选择并加以利用。国家的一些权力转移给了市场、跨国组织和非国家行为人，因此出现了要求加强国家权力的政治力量。技术是民主主义者的最佳工具，也是煽动者的最佳武器。

这篇文章发表 6 个月之后，谷歌成立，6 年之后，脸书成立，9 年之后，iPhone（苹果手机）问世。写这篇文章时，技术革命刚开始萌芽，断言其前景还为时尚早。现在，近20年过去了，有一点可以肯定：矛盾是新时代的一个重要特征。当我们试图控制我们创造出来的虚拟世界时，我们应当明白这个世界的形态是不断变化的，没有人可以预见未来。

"凉战"

我们正处于"凉战"之中。称其为"凉"，是因为它比"冷战"要稍微热一点，尽管没有达到实际战争的程度，但交战双方几乎总在持续不断地采取进攻行动，企图损伤或削弱对手，或突破防御。在"凉战"中，这些进攻措施主要是通过网络战实施的。

网络战的变化速度是惊人的。2007年，美国国家情报总监办公室的威胁评估报告中没有一页涉及网络威胁。而到2011年，国家反情报执行办公室的一份报告指出，某些国家（他们列举了美国传统的竞争对手，如俄罗斯和中国等）通过网络入侵，对美国的国家安全和经济活力构成"日益严重的威胁"。该报告称，这两个大国"肯定会继续调度大量资源，采用各种战术"，企图与美国抗衡。几乎同一时间，世界也更加了解美国在网络战争中的实力和采取的行动。2010 年，我们首次得知伊朗铀浓缩离心机感染了一种疑似从境外植入的病毒。2011 年，白宫军备控制专家加里·萨莫雷等美国官员暗示，美国可能是该病毒传播的幕后操纵者。2012 年，《纽约时报》披露，该病毒与名为"超级工厂"（Stuxnet，又名"震网"）的蠕虫病毒有关，是美国和以色列联合情报行动的一部分，代号为"奥林匹克行动"。2013 年 6 月，美国情报系统外包公司博思艾伦的前雇员爱德华·斯诺登开始披露秘密文件，表明美国国家安全局在对美国公民和世界各地数以亿计的人实施监控。"超级工厂"蠕虫病毒事件和斯诺登事件的相继出现，意味着我们已经远离了曾经熟悉的生活环境。我们已经进入了一个新世界，新型的数字化冲突和情报活动频繁，威胁无处不在。

率先报道这些问题的《纽约时报》记者戴维·桑格曾对我说："'超级工厂'病毒事件之后的世界就像当年广岛原子弹爆炸之后的世界。我们拥有先进的技术，其他国家都没有。但是在短短几年内，情况就大不相同了。"同样地，战争与和平的性质以及现代外交的性质也发生了变化。

"凉战"跟其他形式的战争一样活跃、持续。我们把网络战能公开的部分拍成电影，把其中的主角塑造成英雄人物，只不过更加神秘莫测。

我们向网络袭击者发动网络攻击，他们也会做出回击。世界各国、非国家行为人和个人黑客都在采取类似的行动。比起彻底的军事对抗，这看起来可能没那么危险。因为网络袭击的目标不是消灭而是监视敌人，在某些情况下，是要削弱敌人的力量。这些新技术使人们开始重新评估冲突的风险。新技术使冲突看起来更安全，因而对科技超级大国也更具吸引力。当然，这种冲突加剧了国家之间的紧张关系，使之经常处于敌对状态。当你向一个国家投掷炸弹时，炸弹摧毁了目标，也瓦解了目标。但是，当对某个设备发动蠕虫病毒攻击时，该病毒或其组成部分完好无损，能够被发现，从而能被受害者重新利用。换言之，虽然网络冲突可以避免激烈的交火，但它也使得战争不断升级。

比起我们这一代和上几代人生活的那个一直处于全球热核战争威胁中的时代，现在的网络冲突虽然看上去要温和得多，但事实并非如此。因为持续不断的冲突增加了战争升级和误判的可能性，而且核武器还未消失，大国之间比以往任何时候都可能爆发毁灭性的冲突。

思考一下这种新形式的冲突，人们不禁感到震惊，就像在热核时代，技术进步的速度太快，公众尚未理解其产生的后果。我们了解新型战争的规则吗？我们什么时候可以用武力反击？我们是否知道如何通过谈判结束双方都不愿承认的正在发生的冲突？

网络破坏、威慑和理论缺失

我们正在步入一个大数据和物联网的世界，网络入侵将变得更具威力且更加难以防御。无处不在的传感器、数据收集装置、无限内存和海量数据处理能力结合在一起，全球数据汇聚的海洋越来越大。这些数据大多由私营部门拥有或控制。这就引发了一个大难题，因为只有通过公私合作的形式，发展出成熟的开放与交换机制，一个国家的数据资产才能得到保护。

有一个突出的例子可以说明我们面临的新挑战，那就是索尼公司受攻击事件。攻击的目的很显然是阻止索尼公司发行取笑朝鲜领导人的喜剧电影《采访》。虽然这次攻击很复杂，在某些方面是史无前例的，它使索尼公司的计算机瘫痪，并且试图直接影响美国的公众话语，但最引人注目的可能是美国方面的回应。奥巴马当时对于如何表态显得不知所措。他是第一位不得不将网络问题作为国家安全头等大事来处理的美国总统。至少在公开的层面，很难证明朝鲜是这次袭击的幕后主使；此外，也不清楚美国应该对此做出怎样的回应。

奥巴马选择了一种非常符合他个性的谨慎方式，将这次事件描述为"网络破坏行为"。精心选择这个词的原因是显而易见的。如果称为攻击，这就要求一个国家对另一个国家的攻击做出相应的反击（即使这很可能是一个国家对一个公司的攻击）。但是，在我们生活的这个时代里，关于此类冲突的规则或理论是不完善的。目前尚不清楚一个遭受网络攻击的国家是否（或者应该）有权使用传统的武力进行反制。不清楚需要什么样的归因标准来为这种行为开脱，也不清楚是否有国家希望将其定性为攻击。

例如，2015 年美国联邦人事管理局受黑客入侵事件曝光后，美国国家情报总监詹姆斯·克拉珀在国会发言时说，他不希望将其定性为攻击。为什么？因为他想清楚地表明，在这个新时代，搜集数据的行为是政府可以做也应该做的。

网络攻击尚无明确的定义，克拉珀利用了这一事实。一切都是新的，没有成文的规则，没有明确的术语界定，也没有理论依据，这样就缺少了对网络攻击的遏制力。未来各个国家都容易受到此类攻击。因为不清楚这些攻击会受到何种惩罚，反过来又会使未来的攻击具有更大的危险性。同时，这也为国防和情报部门的人创造了统一观点的机会，从而判定哪些网络入侵是可接受的，哪些不是。

当然，他们的目标是尽可能地给网络攻击下一个宽泛的定义，以便给自己留出足够的操作空间。但这是否符合我们的利益？从长期来看，它对国际关系有何影响？它会让世界更安全还是更危险？它对政府在我们生活中扮演的角色有何影响？我们该如何协调世界不同地区在网络入侵容忍度上的差异？那些选择不遵守规则的人会占到什么便宜？我们是否需要全球公认的新标准？新的战争规则是什么？需要一个数码时代的《日内瓦公约》吗？我们是否需要设立新的机构来管理这一领域的全球争端，就像国际原子能机构专门处理核扩散那样？

网络胜于干戈

战场透明化，是未来战争的另一重大挑战。有效的战争报道有助于公众了解战场的实时状况——战况不断演变，公众必须了解。

尽管奥巴马在 2013 年 5 月誓言要提高"浅足迹"小规模无人机战争的透明度，但可以确定的是，至少有一名平民无辜惨死。这引发了公众的困惑和对这种战争性质的持续公开辩论。在公布像巴基斯坦、也门等国无人机作战中的伤亡人数时，左翼与右翼的新闻媒体及调查机构给出的数字完全不同。关于世界各地正在进行的无人机战争，小道消息或相关报道呈现给公众的信息是不完整的，细节是有选择的。一些报道基于未经证实的信息，使用夸大其词、哗众取宠的描述，煽动国民的情绪。

在政府不透明和公众面临各种困惑的情况下，新的时代到来了。革命性的技术工具已经发挥了作用，揭露不能示人的秘密，促成更广泛的对话，来面对 21 世纪战争的真相。

与此同时，新技术也为反抗者提供了支持，使之与外界保持联络，发挥影响力。有一个跟叙利亚危机相关的例子。那里到处是废墟瓦砾，人们在绝望中生存。"拉卡正无声地被屠杀"（RBSS）是个由一群英勇的记者与其他反抗"伊斯兰国"的人组成的地下组织。该组织不惜任何代价，致力于报道"伊斯兰国"在其据点拉卡的残酷暴行。人们惊恐地看着"伊斯兰国"的暴徒对这座城市施虐：强迫妇女蒙面，洗脑儿童，招募童子军，用钉十字架或其他极端方式处决反抗者。

成立组织之后，RBSS 成员不断向外界的联系人发送照片、视频和有关报道，提醒全世界，在"伊斯兰国"暴徒的淫威之下，无辜的平民正处于水深火热之中。该组织也向外界提供了其他可靠信息，比如报道了美国和俄罗斯的轰炸行动对平民造成的影响。该组织认为，这些影响在更高的战略层面上看是可以接受的附带伤害。2015年，RBSS 发布了一篇有关约旦被俘飞行员的报道。一个月之后，"伊斯兰国"成员播放了这名飞行员在笼子里被活活烧死的录像。RBSS 还披露过美国一项失败的人质救援行动，几周以后，白宫和国防部公开承认了此事。

可以预料，向全世界公开在恐怖主义统治下的日常生活，需要承担很大的风险。RBSS 成员已经被列入"伊斯兰国"的追捕名单，勇敢的行为让他们遭到了暴力的威胁，许多人被捕并被处死。"伊斯兰国"把杀害他们的过程记录下来，发布到社交媒体上，以震慑其他欲揭露其暴行的正义人士。RBSS 的一些成员逃亡到西方国家，在相对安全的地方继续支持组织的工作。时至今日，他们仍在进行着这项危险而又伟大的事业，为利用数字化手段反抗暴力树立了榜样。他们在推特上有数以万计的关注者，在 YouTube 上发布的视频在全球已有数十万的点击量。他们可能遭遇围攻，面临危险，但他们正英勇地发出声音，动员全球的力量来反对残暴的敌人。

去年，我在华盛顿见到了该组织的一位领导人，当时我负责运营的杂志《外交政策》正在为这些领导人颁发"全球领先思想家奖"。我永远不会忘记他眼中的悲伤和失落。他瘦削憔悴，留着黑胡子，看上去有 40 多岁的样子，而实际上他只有 24 岁。他用平静的语气谈论死亡，仿佛死亡是他亲近的老朋友。他的兄弟在反抗运动中失去了生命，正是失去亲人的悲痛给了他勇气，让他冒着生命危险从事斗争。他没想过平安终老。他说他经历过一次爱情，但不奢望再有下一个爱人。我的搭档卡拉被他的故事深深地打动了，她把正戴在腕上的手镯摘下来送给了他。他立刻戴上了镯子，轻轻地抚摸着。他环顾四周，看着富丽堂皇的大厅，表达了自己内心的疑惑：是否还能再回到叙利亚。但当话题转到 RBSS 的使命时，他之前的所有失落与愁苦就立刻消失了，声音里透露出来的只有坚定。

在更大的语境中，还有其他的东西值得注意。RBSS 的这位领导人和他的同事一直在勇敢地发声。他们又有了一种新武器，能让他们足够显眼、足够强大、足够有影响力，在很多遥远的首都（如华盛顿）都能感觉到他们的影响。这种新武器就是科技。勇气加上科技，可以见证暴行，并以前所未有的方式动员人们反对暴行。事实上，包括华盛顿大屠杀纪念博物馆和联合国在内的许多组织，已经开始看到新技术是遏制种族灭绝和种族虐待的一次前所未有的机会，因为在我们生活的世界里，绝大多数公民的口袋里都装着一个电视演播室，走到哪里都能发送实时图像，因此距离和制造恐惧再也不会成为保护邪恶者的盾牌。

拨开未来战争的迷雾

因为战争涉及重大利益，所以过多的资源被用于开发新的毁灭性的军事技术。一个反复提及的观点是，只有拥有了更具毁灭性的武器，我们才能更安全。而我们从现实中学到的则是世界正变得越来越危险。今天的战争可能比过去任何时候都少，离我们更加遥远，这确实值得庆祝。但我们也看到了最危险、最具破坏力的技术和新的战争方式正在扩散，可能会加剧紧张局势和意外军事冲突的风险。

比起我们之前看到的世界，这个充斥着网络战的世界到底是更安全还是更危险？成群结队的无人机和机器人军队会拯救士兵的生命，还是仅仅让富裕国家的年轻军人免于战火，让贫困地区的人付出生命的代价？

同样，在这个高风险的领域，为了避免最坏的结果，我们最好的应对办法就是在一切为时已晚之前提出正确的问题。我们的政府和军队必须提出这些问题，更新法律和国际准则，为防止新形式的全面战争提供安全保障；我们的记者和专家必须提出这些问题，探讨数字和高科技战争的现实，调查值得公众讨论的事实和动态，抵制一些人利用信息战，通过传播虚假信息和掩盖真相，让战争的迷雾笼罩日常生活。最后，公众必须认识并利用这样一个事实：同样的工具，它可以使新的战争成为可能，赋予恐怖组织等非国家行为人权力，也可以赋予我们每个人权力，去提出问题、传播观点、发起政治运动，迫使国家领导人在接受新的复杂的战争工具之前考虑清楚，我们共同追求的是一个怎样的未来，我们希望子孙后代能享有什么样的和平。

社会形成的目的是什么？我们如何定义自己？国家的作用是什么？什么是公平的？私人行为者的角色是什么？全球治理的未来是什么？

这些重大问题是数字时代的纷扰产生的直接后果，这表明我们确实处于一个划时代的转折点。事实上，这是当代文艺复兴的前夕。尽管即将到来的变化令人兴奋，但也要求我们承担一项紧迫的责任，即在对未来的模样有准确的认识或深刻的理解之前，我们首先有义务做一件更艰难、更重要的事情——寻找正确的问题。

这是一个令人畏惧的、有时非常可怕的前景，同时也充满了希望。但这正是历史上重大转折时刻该有的特征。幸好，有一点我们可以感到安慰，事实表明，对历史任何严格的分析都需要乐观的精神。进步已经显现出来。今天，我们活得更长久、更健康，越来越多的人比以往任何时候都更富裕，获得更好的教育、更多的权力。我们有更多的自由，对未来有更大的希望。

问题是，进步虽然一直启发我们的灵感，但也常常对我们的制度产生巨大的冲击。另外，历史上巨大的社会进步，比如从大航海时代到工业革命，也带来了剥削和动荡，有时甚至是悲剧，像奴隶贸易、殖民主义、种族灭绝、虐待劳工等。

最终，在每个时代里脱颖而出、以思想引领社会的人起到了举足轻重的作用。当今世界面临的挑战是如何找到这样的人，赋予他们恰当的角色，把对社会有益的人与带我们走向危险境地的人区分开来。

也许在某个地方会出现另一个马克思式的人物，他看到了日益严重的不平等，在此基础上提出一个替代现代资本主义的方案。他长得可能一点也不像马克思，思想也不一定跟马克思的相仿。他可能不会像马克思那样在大英图书馆里学习和写作。事实上，我们最好在亚洲或非洲这些地方寻找下一个马克思、玛丽·居里或者杰斐逊。要想知道这些伟人的思想声名远扬的秘密，首先要知道他们是如何提出他们的思想的。这是我父亲作为一名科学家毕生追求的目标。这是有创造性思想的人超越常人之处：提出正确的问题。这是看到像黑死病这样的灾难就要发问世界是如何变化的。我们如何应对新的现实？我们如何重新协调运作方式？我们必须做哪些不同的事情？因为正确的问题会产生历史性的突破和变革的时代，比如文艺复兴。只有在这些转折时期提出重要问题，我们才能取得真正的进步，避免灾难。

这就是为什么我确信，如果我父亲今天还活着，看着他毕生都在参与的信息革命，他会问起本书中提到的这些问题，让我们的注意力从充满私利的新闻稿转移到更根本的问题上。真正的变化是什么？变化为什么重要？我们想要什么？

我年轻时，父亲的很多言行我不理解。但随着岁月的流逝，我越来越钦佩父亲。作为一名科学家，他总是以一种超然的态度审视这个世界，无论是实验室里的还是历史书中的世界，并对那些惯常的说法保持怀疑。毕竟，历史是有倾向性的，是根据记录者、委托人和时代的需要而定制的。开明的领导、鼓舞人心的计划或者战场上的胜利有时候不一定带来社会的进步。也许我们不愿意承认，进步有时是源自意外、偶然甚至是灾难。

因此，我父亲传递出的一部分信息是具有警告意味的，我们今天比历史上任何时候都要更加留意。因为技术、人口和自然界的巨大变化产生的压力让我们处在文明演进的转折点。

我们需要克制，不能在此刻来评判历史。当我们沉迷于人类对一些事件的反应时，我们就会缺乏客观性，看不到事件可能引发的进步。好事经常是由坏事促成的，大的变革来自小的或意想不到的变化。尽管气象学家会告诉你，在85%的时间里，明天跟今天的天气是一样的，不过这就意味着每六天左右，会有一天的天气不一样。

大多数时候，变化对我们的影响微乎其微。历史是缓慢发展的，几十年过去了，似乎什么也没有发生。这导致了在试图预测未来时最常见的"启发式陷阱"（分析师最常用的捷径）：我们假设未来会与昨天非常相似。类似的现象在我们的日常生活中有无数的表现形式。例如，一个人想要用鞋子里的炸弹炸毁一架飞机，因此我们就认定这个时代最严重的威胁是鞋子炸弹。结果，每次在机场安检时，你都得脱下鞋子。

过去的结果不能预测未来的表现。事实上，我们被过去欺骗，用错误的方式思考未来将要发生的事情，我们称之为经验。我们只能根据自己的经验来设想未来，这是一种有用的生存本能。这种本能会让我们避免到森林里散步时在同一地方碰到同一只熊。但是，当我们离开熟悉的森林，去一个没有熊的地方，那里的威胁和机遇对我们来说是全新的，经验就无法让我们做好准备了。

这并不意味着我们只能对未来感到惊慌失措。如果我们把自己训练得像科学家一样，冷静客观，大胆质疑，目光敏锐，我们通常可以发现过去的规律，帮助我们应对挑战，预测变化，做好准备。当然，没有人能很好地掌握这项技能。但那些在这方面做得更好的人最终会有很大的优势，能够更出色地迎接必将到来的变化，即便是非常剧烈的变革。

当今世界上有许多聪明人正在问这样的问

题，但要挖掘这个新时代可能带来的潜力，还需要来自社会各阶层更多人的参与。所以加入这个行列吧。记住爱因斯坦的忠告：在寻找答案时，首先要把注意力放在找到正确的问题上。如此，完美的答案定会随之而来。

·· 致 谢

　　我曾经的一个雇主写信的时候喜欢长篇大论，末尾总要加一句套话，解释说如果他有足够的时间，信一定会写得更短。写这本书的过程让我明白，写信是这样，写书当然也是如此。写这本小书在很多方面比我写过的几本大书花的时间更多……这是有充分理由的。要做到字字珠玑，结构简明，需要很强的自制力。

　　幸运的是，我得到了米歇尔·昆特领导的TED Books团队的支持和指导。米歇尔是一位优秀的编辑，与之合作，我感到无比荣幸。她聪明、耐心，在任何情况下都能保持幽默感。我感谢她，也很感谢 TED 项目的每一个人，尤其是克里斯·安德森，他首先让我做了 TED 演讲，这才有了这本书。关于如何运营一个伟大的公共传播组织，我从他那里学到了很多。

我的经纪人埃斯蒙德·哈姆斯沃斯一如既往地提供了重要的支持。《外交政策》杂志的同事也是如此。感谢我们的母公司格雷厄姆控股的领导团队，包括丹·格雷厄姆和蒂姆·奥肖尼斯，以及 FP 集团的每一位成员，我从他们那里获得了智慧的启迪，享受一起工作的快乐，比任何人在工作中获得的快乐都要多。在本书的写作过程中，我的助手们，特别是凯瑟琳·亨特，给予我极大的支持。要是设立诺贝尔助理奖，她们肯定当之无愧地第一个获奖。

我还要感谢卡内基国际和平基金会的帮助，我长期在那里做访问研究员，感谢威廉·伯恩斯大使对基金会的杰出领导。我在那里的研究项目得到了我的好朋友、伟大的慈善家和思想家伯纳德·施瓦茨的支持，他跟我就本书的主题多次进行了深入的交谈，对此我深表感激。最后，我还要感谢哥伦比亚大学国际关系与公共事务学院的同事，尤其是梅里特·贾诺院长。

当然，我认识的最有耐心、最善良、最有爱心、最睿智的人就是我的家人。对于他们，除了感谢，还有我深深的爱。我的母亲是个作家，激励我以写作为生。我的兄弟姐妹时刻给我提供帮助。我的两个女儿，乔安娜和劳拉，是我的骄傲和快乐，她们是我思考未来的动力源泉。更让我感到幸运的是妻子卡拉，她让我体会到满满的爱，并以各种方式激励我。对她，对乔安娜和劳拉，以及其他所有在这里提到和被忽视的人，我深表感激。